SCREAMING EAGLES

101st Airborne (Air Assault)
1942-2022

후원해 주셔서 감사합니다.

김슬범	김정목	김치환	김형준
박종래	박지훈(Si)	배재영	오규식
유준안	이진현	전연욱	전창민
조동규	산중암자	카시마리	0171훈
AsiMire	CipherNC	김진영(rlawlsdud422)	
이준석(밀리맨)		잠자는곰군0104	
카드값줘체리		Hotel12060	

Screaming Eagles 텀블벅 후원에 참여해주신

23분의 특별 후원자분들
92분의 일반 후원자분들

총 115분의 후원자분들께 감사의 말씀을 전합니다.

도움주신 분들

박유상

Thanks to

항상 모든 것을 이해해 주시고 지원해 주시는 나의 부모님.
같이 작업 진행하며 열심히 인내해준 김민찬 님.
물적 심적으로 매번 엄청난 도움을 주시는 군장 수집 고수 이준석 님과 김경현 님.
십여 년 인연을 이어가며 매번 도움 주시는 김철민 님, 김준영 님.
귀중한 콜렉션을 선뜻 대여해주신 구광모 님, 장용성 님, 오규식 님,
최창화 님, 박제형 님, 이상준 님, 한동일 님, 최승영 님.
작업마다 항상 응원해 주시는 박종래 님, 산중암자 님, 김형준 님, 전연욱 님.
네이버 블로그와 인스타그램 팔로워분들.
군장 동호회 M-Lab 회원님들, 그리고 주변의 여러 군장 수집 마니아분들.
고등학생 때부터 한결같이 힘이 되어주는 친구 박이삭 님, 항상 고마운 정진오 님.
그리고 기억력과 지면이 부족해 미처 다 적지 못한 수많은 물적 심적 도움 주신 분들.

김민찬

Thanks to the Jesus Christ.

Screaming Eagles
101st Airborne Division (Air Assault), 1942~2022 : 보병장비 변천을 중심으로

Author	Yusang Pak , Minchan Kim
Editing	Yusang Pak
Photography	Yusang Pak
Graphic design	Yusang Pak

Published by	OLDSCHOOL PUBLICATIONS
	TEL +82 10-2954-3564
	rasmpark@gmail.com
	@oldschoolpublications

ISBN	979-11-971709-2-8
Retail price	35,000 KRW
First Edition	January 2023

Copyright © 2023, Yusang Pak All rights reserved.

No part of this book may be reproduced in any form on by an electronic or mechanical means, including information storage and retrieval systems, without permission in writing from the publisher, except by a reviewer who may quote brief passages in a review.

들어가며

재현

이 책의 모든 고증은 당대 및 현대의 시각/문헌 기록물, 연구자료 및
참전용사의 증언 등 다방면의 자료를 기반으로하고 있습니다.

이 책은 역사의 특정 순간의 특정 인원을 똑같이 재현하고 있지 않습니다.
이 책에 수록된 모든 재현은 사료를 통해 구현한 특정 시간 속의 특정 집단
인원들의 복장 평균치를 환산해 구현한 것입니다.

촬영 소품

모든 재현에 사용된 소품들은 다음과 같은 종류입니다.
1. 당대에 실제 사용 내지 생산된, 혹은 그것과 동형인 실제 군 장비
2. 당대에 실제 생산된 군 장비를 현대에 복제한 복제품(레플리카).
3. (무기류의 경우) 현대에 취미용으로 실제 무기의 외형을 복제한 장난감.

모든 사진은 현행법에의 테두리 안의 적법한 소품을 사용해 촬영되었습니다.

자료 사진과 저작권

이 책에 사용된 모든 자료 사진은 출저가 표시되어 있으며, 저작권자의 사전 허락하에 사용되었습니다.
출저가 표시되어있지 않은 사진은 미국 연방정부 National Archive의 Public Domain 사진 입니다.

모든 자료 사진의 저작권은 원저작권자에 있습니다.

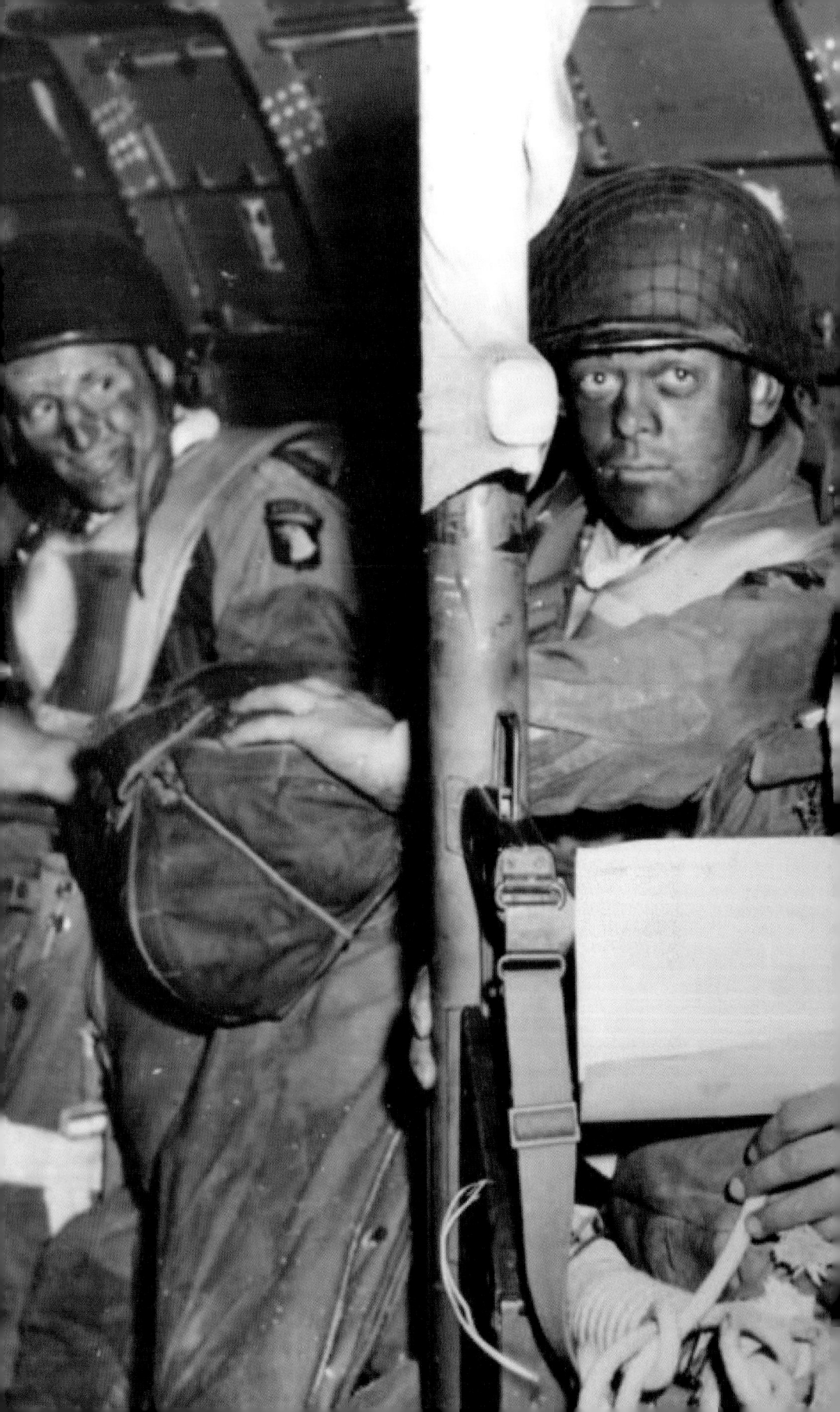

사단가
Rendezvous with Destiny.

We have a rendezvous with destiny.
우리는 운명과 조우한다.

Our strength and courage strike the spark,
우리의 힘과 용기는 불꽃을 일으키고,

That will always make men free.
그것은 항상 인간을 자유롭게 한다.

Assault right down through the skies of blue,
푸른 하늘을 가로질러 바로 공격하라,

keep your eyes on the job to be done.
해야 할 일에 눈을 떼지 마라.

We're the soldiers of the hundred first,
우리는 101의 군인들이다.

we'll fight till the battles won.
우리는 전투에서 승리할 때까지 싸울 것이다.

Screaming Eagles diving from the sun,
태양으로부터 낙하하는 울부짖는 흰머리수리,

striking boldly from the air.
공중에서 대담하게 공격하리라.

Now it is a time to jump.
이제 점프할 시간이다.

Look out below!
아래를 조심하라!

Stand up! Hook up!
일어서라! 연결하라!

Screaming Eagles, go!
울부짖는 흰머리수리여, 가라!

목차

용어 사전   14
101공수사단 (공중강습)   16
  울부짖는 독수리의 유래   18
  101공수사단의 모연대   19
  101공수사단의 표식   20

재현

01 울부짖는 독수리   22

1942
001 독수리의 탄생   30

1944
002 해왕성 작전   38

1944
003 마켓가든 작전   46

1945
004 바스토뉴 포위전   54

02 냉전   62

1950
막간1 : 한국전쟁과 187연대   70

1957
005 리틀 록 위기   72

1965
006 안 닌 전투   80

1967
007 1967 디트로이트 폭동   88

1969
008 937 고지 전투   96

03 전환기   104

1976
009 REFORGER '76   112

1974~1979
막간2 : 공중 강습 베레모   120

1981
010 BOLD EAGLE '82   122

1983
011 RENDEZVOUS '83   130

1982~
012 시나이 평화유지군   138

1987
막간3 : 대한민국의 506연대   146

04 밀레니엄을 향하여   **148**

1991
012 사막의 폭풍 작전   156

1995
013 아이티 UN 평화유지군   164

1999
014 조인트 가디언 작전   172

05 테러와의 전쟁   **180**

2002
015 아나콘다 작전   190

2003
016 이라크 자유 작전   198

2006
017 라마디 전투   206

2008
막간4 : 이라크 파병 후반   214

2010
019 드래곤 스트라이크 작전   216

2010
막간5 : 아프가니스탄의 3여단전투단   224

2011
020 발라왈라 칼라이 계곡 전투   226

06 미래의 독수리   **234**

2016
021 내재된 결단 작전   244

2021
022 SOUTHERN VANGUARD '22   252

2022
022 독수리의 귀환   260

부록1 : 계급   270

부록2 : 부착물   274

참고 문헌   278

용어 사전

보병 개인장비 용어는 전 세계적으로 미국식 영문표기법이 기준이 되기에 국내에서 사용되지 않는 용어가 많다. 그중 한국군에서 사용하는 일부 용어는 한국어로 번역해 사용했으나, 일부 뜻이 정확히 일치하지 않거나 관련 용어들의 일관성을 해칠 수 있다고 판단되면 영문 음독 어를 사용했다.

장비의 명칭은 미군에서 사용하는 NSN(Nato 재고 번호)에 등록된 것을 우선으로 사용했으며, 그중 해당 장비를 특정하기 어려운 명칭이라고 판단되면 일반적 수집가에게 알려진/통용되는 명칭을 사용했다.

1. 비활성화(Inactivate)와 활성화(Activate)
비활성화란 미군 제대를 일시적으로 활동 정지시키는 것을 의미한다. 해당 제대는 편제에서 사라지나 일시적으로 인력과 장비가 편제되지 않은 '비활성화(Inactive)' 상태로 유지되며 필요에 따라 언제든 다시 활성화되어 인력과 장비를 새로이 편제할 수 있다.

2. 재지정 (Reflag/Redesignate)
신규 부대를 창설할때 전통있고 명망있는 부대의 정체성을 이식하는것, 해당 부대는 부대 명칭과 정체성이 재지정한 부대의 것으로 변경되며, 이후부터는 재지정한 부대의 역사의 연장으로 활동하게 된다.

3. 해산(Deactive/Disband)
해산이란 제대를 영구적으로 삭제하는 것을 의미한다.

4. 모(母)연대
전통적인 미 육군의 주요 단위 제대인 연대(Regiment)는, 1950년대 이후 미 육군 정규군에서는 사용되지 않지만, 이후에도 부대의 전통과 역사를 계승시켜 육군 부대의 영속성을 유지하기 위한 매개체로 존재해왔다. 여기에서 전통과 역사가 계승된 연대를 계승한 부대의 모연대로 지칭한다.

5. 바디아머
방탄복의 일종으로 방탄판 등 방탄재로 주요 장기 등 넓은 신체를 감싸 방호하는 장비. 상대적으로 넓은 방호면적을 지닌 방탄 장비를 지칭한다.
방탄복 혹은 몸통을 방호하는 갑옷이라는 뜻의 영 단어이나, 장비 종류로써의 '방탄복' 및 방탄복 범주 내에서 방호면적과 목적에 따라 '플레이트 캐리어'와의 대응 및 구분을 위해 영문 음독 표기 했다.

6. 플레이트 캐리어 (Plate carrier.)
방탄복의 일종으로 방탄판으로 주요 장기만 방호하는데 중점을 둬 바디아머류 보다 상대적으로 방호면적이 적은 대신 가볍고 활동하기 편하다는 장점이 있다.

7. 베스트 (Vest)
군용 조끼류의 총칭.

8. 체스트 리그 (Chest rig)
가슴에 둘러 탄약 및 장비를 휴대하는 조끼류의 총칭.

9. 피스톨 벨트 (Pistol belt)
단독군장의 구성품으로 부속 파우치를 결속할때 사용하는 벨트. 탄띠.

Glossary

10. 파우치 (Pouch)
주머니.

11. 반돌리어 (Bandolier)
탄약을 수납해 어깨나 허리에 두를 수 있게 만들어진 띠 형태의 장비 종류. 탄약 지급시 담겨 나오는 천재질의 가방(탄포)을 지칭하기도 한다.

12. 홀스터 (Holster)
장비를 꼽아 수납할 수 있는 장비의 일종.
주로 권총을 수납하기 위한 권총집을 지칭한다.

13. 하이드레이션 백
물 주머니와 긴 빨대로 구성된 일종의 물통으로, 양손을 쓰지 않고 빨대로 물을 취함할 수 있어 레저 스포츠 및 군사 작전용으로 많이 사용되어 왔으며, 미군은 1990년대 말 부터 정규군 장비로 도입했다.

14. 헬멧 마운트 (Helmet Mount)
헬멧에 장비를 거치하기 위한 거치대.

15. 헬멧 브라켓 (Bracket)
헬멧 마운트를 거치하기 위한 마운트 베이스.

16. IFAK (Improved First Aid Kit)
2005년부터 미군에 도입한 응급처치 키트.

17. 슬링 (Sling)
총기 멜빵류의 총칭.

18. 광학 장비 (총기)
총기에 부착하는 전자 광학기기의 총합으로, 광학식 조준경을 포함해 적외선 표적지시기, 웨폰 라이트, 거리 측정기 등을 포함한다.

19. 적외선 표적지시기
적외선 광선을 이용한 표적지시기기. 정조준이 어려운 야간투시장비 착용시의 조준을 돕는 장비.

20. 웨폰라이트 (Weapon Light)
화기에 부착하는 용도의 조명.

21. 바이포드 (Bipod)
양각대

22. 포제(布製)
직물로 만들어진 물건을 지칭하는 용어.

23. 카고 포켓 (Cargo pocket)
다량의 짐을 수납하기 위한 대형 주머니.

Glossary

101공수사단 (공중강습)

    101공수사단(공중강습)은 헬기를 통한 공중강습 작전에 특화된 미 육군의 정예 경보병 사단이다.

    101공수사단(공중강습)은 1차세계대전 당시의 101보병사단이 모체로, 2차세계대전 도중인 1942년 101공수사단으로 재창설되어 노르망디 상륙작전을 시작으로 유럽 전선에서 활약했다. 종전 후 잠시 사단이 비활성화 되기도 했지만 1957년에는 다시 현역 공수사단으로 재활성화되었으며, 1974년에는 당대의 추세에 맞춰 낙하산 공수부대에서 헬기 강습부대로 개편되며 지금에 이르고 있다.

    101공수사단(공중강습)은 냉전 내내 역시 최정예 사단 중 하나로써 미군의 정예 전력으로 운용되었으며 베트남전쟁, 걸프전쟁, 아프가니스탄/이라크 전쟁 등 굵직한 전쟁마다 참전한 역사와 전통이 있는 정예 부대이다. 모든 101공수사단(공중강습) 부대원은 과거에 공수 부대로서 공수 훈련을 받았듯이 미군 공중강습 학교에서 공중강습 훈련을 받은 헬기 강습의 전문가들이다. 또한 4항공여단에 배속된 수백 대의 기동헬기, 공격헬기 전력은 사단 전체를 한 번에 공중 수송할 수 있을 만큼의 전력이며 동시에 미군에서 가장 강력한 공격헬기 전력을 보유하고 있기도 하다.

    사단 명인 101공수사단(공중강습)은 101공수사단의 역사와 전통을 존중해 '공수부대'라는 타이틀을 유지한 채 부대의 성격인 '공중강습(Air assault)'을 나타내는 이름이다. 사단이 공수사단에서 공중강습사단으로 전환될 당시에는 사단명이 '101공중기병사단'으로 변경될 예정이었지만, 당시 사단장인 Melvin Zais 소장과 부대원들의 극렬한 반대로 공수사단 명칭을 유지한 지금의 사단명을 사용하게 되었다.

101st Airborne Division (Air Assault)

'울부짖는 독수리'의 유래
부대 마크와 별명의 유래

1861년 연방군 위스콘신 8자원보병연대는 '늙은 아베(Old Abe)'라는 이름의 흰머리 독수리를 연대의 상징으로 삼았다. 늙은 아베는 36번의 전투에 참여하고 2번의 부상을 입으면서도 전후까지 살아남았으며, 재향군인 기금을 모으기 위한 캠페인에 참가하며 노생을 보냈다.

위스콘신을 기반으로 창설된 101보병사단은 이 흰 독수리 아베를 사단 마크에 사용했으며, 자연스레 101보병사단에서 태어난 101공수사단도 이 독수리 휘장을 차용하게 되며 101공수사단을 상징하게 되는 지금의 독수리 사단 마크가 탄생하게 된 것이다.

울부짖는듯한 독특한 독수리 마크는 곧 101공수사단의 상징이 되었으며, 당시 502공수보병연대 소속의 권투팀이 사단 마크를 본떠 만든 팀 슬로건 'Screaming Eagles'가 그들 활약을 통해 알려지면서 101공수사단의 별명으로 정착하게 되었다.

101보병사단의 사단 마크

101공수사단의 사단 마크

101st Airborne Division (Air Assault)

101공수사단의 모연대
101공수사단의 근간

현대의 101공수사단(공중강습)은 역사와 전통을 가진 4개의 연대를 모체로 두고 있다. 종전 후 사단이 비활성화와 활성화를 거치고, 미 육군의 편제가 지속적으로 변화하면서 2차세계대전 이전부터 이어져 온 연대(Regiment)라는 개념은 편제로써 육군 사단에서는 더 이상 사용되지 않게 되었으나, 대대(Battalion) 단위에서 대대 명에 모연대명을 남기는 방식으로 전통을 이어가게 되었다.

1942년 창설시 101공수사단은 501,502,506 공수보병연대와 327글라이더보병연대(401 글라이더보병연대는 327글라이더보병연대 소속으로 활동)의 4개 보병연대를 보유했으며, 1964년부터는 187연대의 제대가 추가되었고, 1984년부터는 501및 506연대의 제대가 제외되는 등 변화를 겪었다.

현재의 101공수사단(공중강습)에는 327, 502, 506, 187 보병연대를 계승한 제대가 남아있다. 101공수사단(공중강습)의 1,2,3 여단전투단(Brigade Combat Team)은 각각 1여단 Bastonge, 2여단 Strike, 3여단 Rakkasans으로 327, 502, 187연대의 별명을 계승하고 있다.

501연대 502연대 506연대 327연대 187연대

101공수사단 모연대의 문장(Crest)

101 공수사단의 헬멧 표식
전통의 부활

501연대 (1942~1984)　　502연대　　506연대　　327연대　　187연대 (1964~현재)

　　2차세계대전 당시 미 육군 공수부대는 공수 강하 후 병력 통제의 어려움을 예상했으며, 이에 대비해 헬멧에 제대별 고유의 표식을 도색했다. 101공수사단의 4개 공수·글라이더보병연대의 경우에는 D-day 이전 연대장들이 뽑은 트럼프카드에서 각 표식이 정해졌다고 알려져 있다. 그렇게 트럼프 카드의 4개 도형에서 유래한 101공수사단의 연대 표식들은 101공수사단의 활약으로 인해 101공수사단의 상징이자 아이콘이 되었다. 이들 표식은 1950년대 일시 비활성화되었던 사단이 재활성화된 이후에도 비공식적으로 일부 사용되었으나, 공식적으로 부활하게 된 것은 60여 년이 지난 2001년이었다.

　　2001년 9월 11일 이후, 테러와의 전쟁이 시작된 이후, 101공수사단 1여단전투단의 부 작전장교였던 Jim Page 대위는 사단의 역사 속에서 이러한 표식을 발견했고, 327글라이더보병연대의 고유 표식을 다시 헬멧에 사용할 것을 건의했다. 이를 계기로 1여단뿐 아니라 다른 여단에서도 그들이 계승한 모연대의 표식을 따 와 헬멧에 부착하기 시작했다. 사단에 1950년대에 합류한 187연대를 계승한 3여단에서는 187연대가 2차세계대전 종전 후 일본에 주둔할 때 상징으로 삼았던 '토리이(일본 신사 기둥 문)' 문양을 새로운 헬멧 휘장으로 도입했다.
　　현행 3개 여단전투단은 그들이 전통을 계승한 각각의 모연대 표식을 사용한 헬멧 휘장을 사용하고 있다. 이들 표식은 단순히 101공수사단의 상징일 뿐 아니라, 2차세계대전부터 이어져 온 전통과 자긍심의 상징이며, 101공수사단과 모연대의 전통이 존재하는 한 계속해서 전승될 것이다.

사진 출처 : Don Pratt Museum

울부짖는 독수리
1940년대

역사와 편제			24
장비와 무기			28

001	1942년	독수리의 탄생	30
002	1944년	해왕성 작전	38
003	1944년	마켓가든 작전	46
004	1944년	바스토뉴 포위전	54

01

역사와 편제
1940년대

미군 공수부대의 시작

2차세계대전 이전부터 낙하산을 통해 적진 후방에 투입되는 공수부대에 대한 아이디어는 존재했지만 본격적으로 활용되기 시작한것은 2차세계대전 부터였다. 전쟁 초반 활약한 독일군 공수부대는 물론 소련, 영국, 이탈리아, 일본과 아르헨티나 페루 등 중소국가들도 전쟁 이전부터 공수부대를 보유하고 있었다. 미군은 이보다 늦은 1940년부터 본격적으로 공수부대에 대한 연구를 시작했다. 1940년 6월 최초로 공수 시험 소대가 창설되었고, 9월에는 미군 최초의 공수부대인 501공수보병대대가 창설되었다. 이어서 창설된 502, 88, 503, 504대대등과 함께 이들은 2차세계대전 참전과 함께 연대급으로 확장되어 후일 미 육군 공수부대의 근간을 이루게 된다.

101공수사단의 창설

101공수사단은 1918년 11월에 창설된 101보병사단에서 그 뿌리를 찾을 수 있다. 미국의 1차세계대전 참전에 맞춰 창설되었던 101보병사단은 창설 9일 만에 종전으로 해산되었지만 1921년 미 육군에서 예비군으로 재창설된 사단이었다. 1942년, 101보병사단은 82보병사단과 함께 공수부대로 전환될 2개 사단 중 하나로 선정되었으며, 1942년 8월15일 루이지애나주 캠프 클레이본에서 101보병사단이 공식적으로 해체됨과 동시에 101공수사단으로 재창설되었다. 82공수사단과 함께 미국 역사상 최초의 공수사단인 101공수사단의 시작이었.

101공수사단은 창설 초기에는 502공수보병연대, 327과 401글라이더 보병연대의 3개 연대로만 구성되어 있었으며 그 중 502공수보병연대는 아직 공수훈련조차 수료하지 못한 상태였다. 그러던 101공수사단은 1943년에 506공수보병연대를, 1944년에는 501공수보병연대를 배속하며 비로소 공수사단으로써의 모양새를 갖추게 되었다. 1943년 9월, 사단은 연합군이 준비하는 서유럽 상륙작전에 참여하기 위해 82공수사단과 함께 영국으로 이동했다. 82공수사단이 이미 1942년과 1943년 북아프리카와 이탈리아에서 실전을 경험했던 것에 비해 101공수사단은 이번 서유럽에서의 작전이 첫 실전이었다.

D-day

1944년 6월 6일, 역사적인 노르망디 상륙작전 당일(D-day) 이른 새벽 101공수사단은 유타 해변 후방에 그들의 첫 실전 공수강하 작전을 개시했다. 야간 공수작전의 혼란 속에서 사단 전체가 예정 강하지역 이외에 흩어져 강하하는 등 많은 문제가 발생했지만, 101공수사단은 개별 제대로 흩어진 상태에서도 적진 후방 교란이라는 임무를 성공적으로 수행했다.

이후 재정비를 마친 101공수사단은 3개월 뒤 9월에는 마켓 가든 작전에 참여했다. 사단은 네덜란드의 교량과 고속도로를 확보해 후속 기갑부대 진격로를 확보하는 임무를 맡았지만, 작전 자체의 안일한 계획과 여러 악재로 인해 사단의 분전에도 불구하고 작전은 실패로 돌아갔다.

그 3개월 뒤 12월에는 독일군이 일명 '벌지 전투'로 불리는 대규모 반격을 감행했고, 101공수사단은 벨기에 아르덴느 지역의 요충지 바스토뉴를 방어하기 위해 급파되었다. 4면이 포위되어 사단 전체가 전멸할 수 있는 상황에서도 사단은 방어에 성공하며 연합군이 반격할 시간을 벌어주었다.

이후에도 101공수사단은 독일군 정예 사단들과 전투를 이어나갔으며, 1945년 4월에는 독일 서부 라인란트와 남부 바바리아 알프스에서 종전을 맞았다.

독수리의 휴식

1945년 2차세계대전 종전 후 미군은 전쟁 직전에 비해 24배나 늘어난 총 1,200만, 육군만 450만 이라는 거대한 병력을 유지하고 있었다. 이 병력은 평시에 유지하기에는 너무 거대했기 때문에 종전 직후 전면적인 군축이 시행되어 2차세계대전 중 편성되었던 많은 부대들의 비활성화 및 해체가 진행되었다. 101공수사단 역시 이 흐름을 피할 수 없었으며 1945년 8월에 프랑스에서 501연대가 비활성화된 것을 시작으로 1945년 12월에는 사단 전체가 비활성화되었다.

History & Organization

사진 출처 : U.S. Airfoce Museum

101공수사단
1944

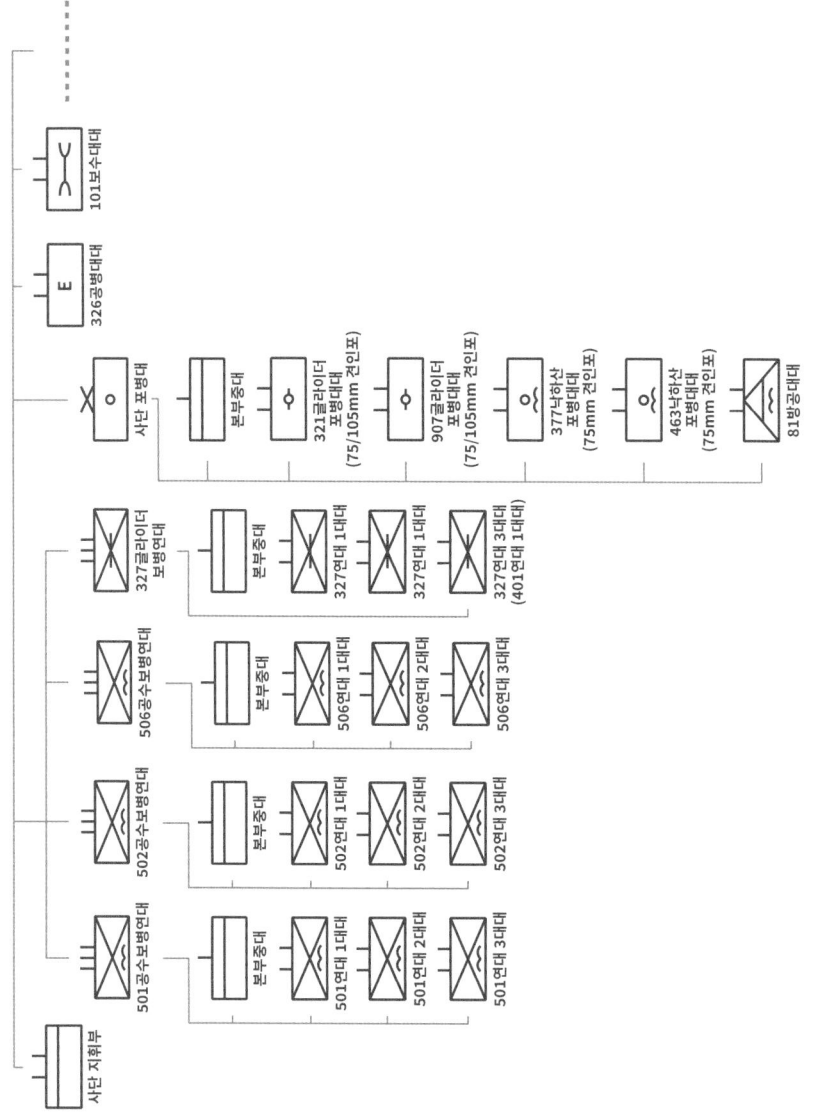

미 육군 보병사단은 1942년 이전까지는 사단에 4개 보병연대가 편제되는 보다 공격적인 형태의 사각사단 체제를 유지했지만, 1942년부터는 3개 보병연대가 편제되는 삼각사단 형태로 편제를 변경하기 시작했다. 하지만 공수부대는 예외로, 3개 낙하산보병연대에 1개 글라이더연대가 추가되어 기존 사각사단과 유사한 형태를 유지했다.

사단 창설 초기 연대 중 하나였던 401글라이더보병연대는 1944년 3월에는 2대대는 82공수사단에 편입되고 1대대는 327연대의 3번째 대대의 역할을 맡아 활동했다.

History & Organization

장비와 무기
1940년대

1930년대 말부터 미 육군 의복은 수십 년간 유지되던 전통적인 형태를 벗어나 실전적인 형태로 변화하기 시작했다. 미군의 2차세계대전 참전 이후부터는 이러한 흐름이 본격화되어 전 세계 전장에서 사용되기 위한 다양한 의복과 장비가 개발 및 개선되었다.

1 전투 의복

1-1 1940년대의 의복

미군이 2차세계대전에 참전하는 1940년대 초에는 세계 대부분 군대가 정복, 근무복, 전투복을 겸하는 의복을 사용하고 있었다. 미군도 마찬가지로 주둔지와 계절에 따른 울·면 재질 셔츠와 바지, 그리고 그 위에 착용하는 울 자켓을 사용했으며, 이들 의복은 정복 및 근무복으로, 단독군장을 착용할 때는 전투복으로도 사용되었다. 하지만 이러한 의복 체계는 어느 용도도 제대로 만족시키지 못했으며, 이에 1935년부터는 좀 더 전투에 적합한 의복에 대한 연구가 진행되었다. 1941년 미 육군은 그 첫번째 결과물인 민간 스포츠 자켓에서 디자인을 따온 면 재질의 'M-1941 필드 자켓(Field Jacket)'을 도입했다. 하지만 M-1941 자켓은 활동성은 향상되었지만, 보온성과 위장력이 여전히 만족스럽지 못했기 때문에 1943년에는 이를 보완한 M-1943 필드 유니폼으로 대체되었다. M-1943 필드 유니폼은 더 길어진 기장은 물론 내피와 후드를 단계별로 착용할 수 있어 보온성이 향상되었으며 넉넉한 패턴으로 활동성도 향상되었다. 어두운 녹색빛 OD7(올리브드랍 #7 색상) 새틴 재질이 적용되어 위장력과 발수 성능이 향상되었다. 미 육군은 M-1943 필드 유니폼으로 병과 별로 따로 존재하던 의복들을 통일하려 했으며 1943년 후반부터는 전 병력에 보급이 시작되었다.

미 육군은 청어 뼈 모양으로 직조되어 이름붙여진 직물, HBT(Herringbone Twill) 원단의 작업복(Fatigue)도 지급받았다. HBT 작업복은 원래의 작업복 용도 외에도 면 재질 카키 유니폼 대신 하계 전투복으로도 사용되었다. HBT 작업복은 현장의 모든 육군 병력에 지급되었으며 간편함과 튼튼함 때문에 많은 병사에게 애용되었다.

1-2 전투화

미 육군은 2차세계대전 초까지는 갈색 가죽 재질의 짧은 목 서비스 슈즈와 각반을 조합해 사용했으나 1944년부터 가죽 각반이 부착된 비교적 현대적인 M-1943 컴뱃 부츠를 도입해 전쟁 내내 사용했다.

1-3 공수부대용 의복

공수부대는 부대 특성에 맞춰 공수부대 전용의 의복과 전투화가 지급되었다. M-1942 점프슈트는 낙하산 공수부대원을 위해 제작된 전용 전투복으로, 적진 한복판에 투입되는 병과의 특성에 맞춰 상·하의에 큼직한 카고포켓, 나이프 포켓 등 다양한 수납공간이 있어 많은 짐을 휴대할 수 있었다. 점프슈트는 곧 미군 공수부대의 상징이 되었으며 공수부대원들은 이를 정복처럼 착용하는 것은 물론 1944년 이후 공식적으로 M-1943 필드 유니폼으로 대체된 이후에도 일부 착용할 만큼 애착을 가졌다.

공수부대는 초기에는 일반 서비스 슈즈를 사용했으나, 공수 강하 시 사고를 예방 및 충격 보호를 위해 종아리까지 올라오는 앞코가 보강된 목 긴 공수부대용 M-1942 '점프 부츠'를 도입했다. 점프 부츠의 현대적인 디자인은 이후의 미 육군 전투화에 영향을 준다.

Equipment & Firearms

2 개인 장비

2-1 단독군장

1940년대까지 미 육군은 1차세계대전기에서 크게 달라지지 않은 M-1936 단독군장을 사용했다. M-1936 단독군장은 OD3(올리브드랍 #3번 색상) 면 재질에 벨트, X자 서스펜더와 탄창 파우치, 구급 키트, 수통 세트, 야전삽 등 부속품으로 구성되었다. 구성품들은 기본적으로 뒷면의 루프나 쇠고리로 벨트에 탈착할 수 있었고 주무장/병과 별 전용 벨트를 사용해 특성화된 군장을 구성할 수도 있었다. 1943년부터 OD7으로 생산된 M-1936 단독군장은 1944년부터는 새로운 필드 백의 도입으로 수납량이 향상된 M-1944/45가 보급된 이후에도 그 구성품이 1950년대 후반까지 사용되었다.

2-2 방호장비

미 육군은 1941년부터는 1차세계대전 참전시에 도입했던 접시 모양 M-1917 헬멧을 더 현대적인 디자인의 신형 M-1 헬멧으로 교체했다. M-1 헬멧은 측·후면이 약간 내려온 돔 모양의 헬멧으로, 턱끈이 부착된 강철 쉘(Shell)을 서스펜션이 부착된 라이너(Liner)에 겹쳐 사용하는 구조였다. 공수부대에는 쉘의 턱끈과 라이너에 추가 턱끈이 부착되는 등 개조된 전용 M-2 및 M-1C 공수 헬멧이 보급되었다.

3 무기

미군은 1936년 M1 개런드 소총을 전군의 제식소총으로 도입했다. M1 개런드 소총은 스프링필드 30-06(7.62x63mm) 소총탄을 사용하는 반자동 소총으로, 2차세계대전기 대부분의 국가는 클립식 볼트액션 소총을 주력으로 사용했기 때문에 미군은 소부대 전투에서 화력의 우위를 점할 수 있었다. 여기에 동일한 탄환을 사용하는 M1918A2 BAR(Browning Automatic Rifle)과 M1919A4/6 중기관총이 분/소대 지원화기로 사용되어 화력을 보강했다. BAR는 1차세계대전 말에 돌격소총으로 사용되었던 M1918 BAR를 분대지원화기로 개량한 것이었고, M1919 중기관총 역시 1차세계대전 말 개발된 M1917 수랭식 중기관총을 공랭식으로 개량한 것이었다. 2차세계대전기에는 1차세계대전의 교훈으로 근접전을 위한 기관단총이 정규군에 편제되어있었는데, 미군은 .45구경 권총탄을 기반으로 한 M1928 및 간략형 M1/M1A1 톰슨 기관단총을 사용했으며, 1943년경부터는 염가형 M3/M3A1 그리스건을 도입했다. 기관단총은 주로 장교나 비전투병과에 지급되었으나 전장 상황에 따라 일선 전투병에게 지급되기도 했다.

그 외에는 후방 요원용으로 경량화된 소총탄을 사용하는 반자동 소총인 M1 카빈(기병총)도 사용되었는데, 가볍고 편의성이 좋아 전투병들에게도 애용되었다. 1942년에는 공수부대의 요청으로 접이식 개머리판이 부착된 M1A1 카빈이 개발/지급되기도 했다.

부무장으로는 1차세계대전기에 개발된 M1911 권총의 개량형 M1911A1 권총이 사용되었으며, 1차세계대전기 생산되었던 M1917 리볼버의 재고도 함께 지급되었다.

(A) M-1937 울셔츠와 카키 유니폼 하의 / (B) M-1943 필드 유니폼 공수부대 개조 상하의 / (C) M-1942 점프슈트 상·하의 / (D) M-1942 점프 부츠 / (E) M-1943 컴뱃 부츠 / (F) M-1936 단독군장 / (G) M-1944/45 단독군장 / (H) M-2 공수 헬멧 / (I) M1 개런드 소총 / (J) M1918A2 BAR / (K) M-1919A6 중기관총 / (L) M1A1 톰슨 기관단총 / / (M) M1 카빈 / (N) M1911A1 권총

Screaming Eagles

1942   Birth of The Eagles

Technician 3rd Grade (3급 기술병)
행정 요원

♠

506연대

001   30

1942
독수리의 탄생

배경

101공수사단의 모연대 중 하나인 506보병연대는 1942년 7월 20일 조지아주 캠프 토코아에서 공수보병연대로 활성화되었다. 그곳에서 506공수보병연대는 공수훈련과정의 일환으로 근방의 커레히(Curahee) 산에서 매일 3마일 산악 구보를 해야 했다. 고된 훈련속에 곧 커레히 산은 506연대의 상징이자 동시에 연대의 별명이며 구호가 되었다.

이후 공수 훈련을 수료한 506공수보병연대는 502공수보병연대와 327글라이더보병연대보다 1년가량 늦은 1943년 6월에 101공수사단에 정식으로 편제되었다. 이후 501 공수보병연대가 1944년 1월에 사단에 합류함으로써 1944년이 되어서야 101공수사단은 완전한 공수사단 편제를 갖추게 되었다.

506연대 본부중대
조지아주, 캠프 토코아

장비

초기 미국 공수부대원들은 일반 보병들의 장비를 기반으로 점프슈트, 점프 부츠, M-1936 뮤젯백 등 공수부대를 위한 특별 장비를 지급받았다. 하지만 공수 교육 동안에는 주로 HBT 커버올을 착용했으며 강하 훈련 시는 주로 개조된 미식 추구용 헬멧을, 이외 훈련에는 M-2 공수 헬멧의 라이너를 따로 착용했다.

Camp Toccoa

1　공수 훈련 시 점프슈트 대신 훈련복으로 사용된 M-1938 HBT 커버올.

Birth of Eagles

2 M-1936 단독군장 뒤편에 톰슨 20발 탄창용 5 연장 파우치를 부착했다.

33   Camp Toccoa   1942

3 초기형 턱끈이 달린 초기형 M-2 헬멧 라이너.

4 이 병사의 주무장은 M1928A1 톰슨 기관단총으로, 2차세계대전기 일반적으로 사용된 M1, M1A1 톰슨 기관단총의 이전 버전이다.

5   특별한 경우를 제외하면 공수 교육 수료 전까지는 점프 부츠에 바지 밑단을 넣어 입을 수 없었다.

Camp Toccoa   1942

A1	M-1938 HBT 커버올
A2	M-1942 점프 부츠
B1	M1928A1 톰슨 기관단총
B2	M-1917 KERR 슬링
C1	M-2 공수 헬멧 라이너
D	M-1936 단독군장
D1	M-1936 피스톨 벨트
D2	M-1936 서스펜더
D3	M-1936 뮤젯백
D4	M-1942 구급 키트
D5	M-1910 수통 세트
D6	M-1910 야전삽
D7	M6 대검 집과 M3 나이프
D8	기관단총 5연장 탄창 파우치

Birth of Eagles

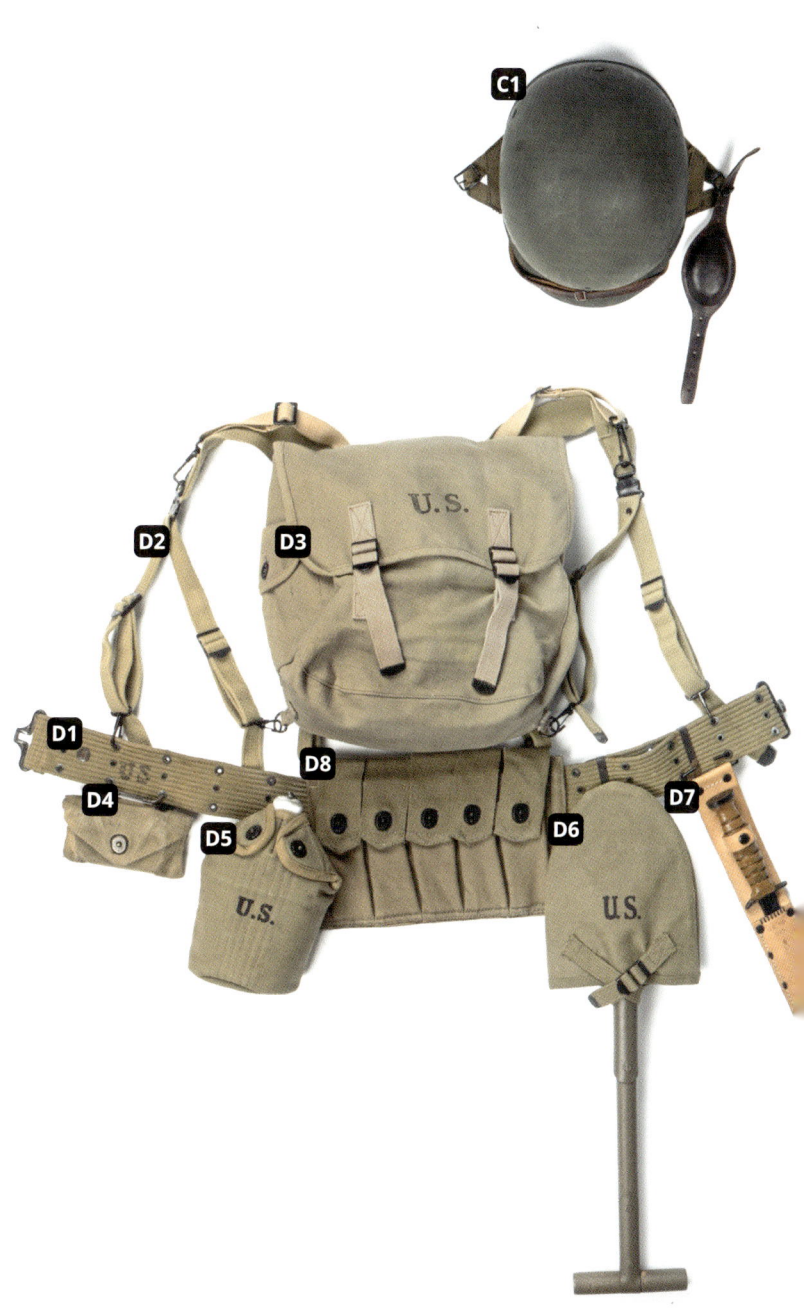

Camp Toccoa — 1942

1944　　Operation Neptune

First Lieutenant (중위)

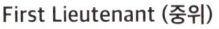
소대장

506연대

002　　　　　　　　　　　　　　　　　　　　38

1944
해왕성 작전

배경

1944년 6월 6일 서방 연합군은 나치 독일로 부터 프랑스를 해방하기위해 프랑스 노르망디에 상륙하는 '해왕성 작전'을 개시했다. 그 중 연합군 공수부대는 작전 당일 새벽에 상륙 예정지 후방에 강하해 후방의 해안포를 제거하고 거점을 점령해 상륙부대의 상륙을 돕고 이후 진격로를 확보하는 역할을 맡았다.

101공수사단은 82공수사단과 함께 미군 상륙 예정지인 유타 해변의 후방에 공수수강하 했다. 하지만 수송기 유도장치의 오작동, 강풍, 극심한 대공포화 등으로 많은 병력이 강하 도중 사망하거나 부상을 입었으며, 그나마도 절반 이상의 병력은 예정된 목적지에서 멀리 떨어진 곳에 공수되었다. 이렇게 흩뿌려진 공수부대원들은 편제와 지휘체계가 뒤섞인 채 마주치는 병력을 규합해가며 악전고투를 벌였으며 혼란속에서도 임무를 성공적으로 수행해 당일 오전 상륙부대의 성공적인 상륙에 기여했다.

506연대 2대대
프랑스, 노르망디

장비

미군 공수부대는 적진 한복판에 야간에 공수 강하하는 전체 작전 중에서도 가장 위험한 임무를 수행해야 했으며, 이를 위해 일반 보병들과는 다른 특별한 장비를 착용했다. 공수부대의 상징과 같은 전용 의복 점프슈트와 점프 부츠는 물론, M-2 공수 헬멧, 단독군장에 결속하는 잡낭 M-1936 뮤젯백 등 공수부대 전용 장비를 착용했다. 또한 적진 한가운데서 임무를 수행해야 하는 공수부대의 특성상 다량의 탄약과 폭약과 탄약은 물론 대전차지뢰, 독가스 감지 완장, 방독면 등 각종 추가 장비를 휴대해야 했다.

해왕성 작전에 참여한 미군 공수부대원들의 대부분이 M-1942 점프슈트에 캔버스 천을 덧대 내구성을 보강하는 등 개조를 했으며, 연대나 사단마다 세세하게 다른 사양으로 개조되었다.

사진 출처 : Don Pratt Museum

Normandy 1944

1. 미군 공수부대에서는 각 부대 내에서 자체적으로 제작한 '리거 파우치(Rigger Pouch)'를 다수 사용했다. 리거파우치는 정해진 규격 없이 만들어졌으며 탄약이나 수류탄을 휴대하는 데 사용되었다
2. 독가스에 접촉 시 색이 변하는 독가스 완장과 방독면으로 독일군의 독가스 공격에 대비했으나 독일군의 독가스 공격은 벌어지지 않았다.

Operation Neptune

3 공용화기의 야간 사격 보조 용도로 형광물질로 만들어진 Luminous Disc를 헬멧에 부착해 야간 피아식별 용도로 사용했다.

4 렛다운 로프라고 불리는 이 로프는 건물이나 나무 등에 낙하산이 걸렸을 때 안전하게 내려오기 위한 용도는 수레를 끄는 등 다양한 용도로 사용되었다.

Normandy 1944

5 트렌치 나이프는 손잡이에 일체형 너클이 붙어 있는 참호 격투용 단검으로, 공수부대원들은 이런 부무장을 최대한 휴대하려 했다.

6 영국군에서 개발된 호킨스 대전차 지뢰는 공수부대원들의 대전차 장비로 애용되었으며 지혈대나 낙하산 끈으로 다리에 고정해 휴대했다.

Operation Neptune

7 대원들은 공수 강하 이후 낙하산 캐노피를 잘라서 위장포나 스카프로 사용하기도 했다.

A1	M-1942 점프 슈트
A2	1937년형 울 셔츠 (스페셜타입)
A3	M-1942 점프 부츠
A4	독가스 탐지 완장
A5	공병용 손목 나침반
A6	M7 방수 방독면 가방
A7	M8 대검 집과 M3 나이프
A8	호킨스 대전차 지뢰
A9	낙하산 천 스카프
A10	M-1938 말가죽 장갑
B1	M1A1 카빈
B2	카빈 탄창 파우치
B3	카빈 슬링
C1	M-2 공수 헬멧과 스크림 캐모
C2	루미너스 디스크
D1	M13 쌍안경
D2	M-1918 트렌치 나이프
D3	M-1944 방풍 고글
D4	M-1938 서류 가방
E	M-1936 단독군장
E1	M-1936 피스톨 벨트
E2	M-1936 뮤젯백
E3	M-1936 서스펜더
E4	M-1910 수통 세트
E5	M-1943 야전삽 (트랜지션)
E6	M-1916 홀스터와 M1911A1 권총
E7	리거 파우치
E8	M-1942 구급 키트
E9	카빈 탄창 파우치
E10	렛다운 로프
E11	나침반 파우치

Operation Neptune

Normandy 1944

1944 Operation Market Garden

Sergeant (병장)
부분대장

502연대

003   46

1944
마켓가든 작전

502연대 3대대
네덜란드, 에인트호번

배경

독일군이 패퇴를 거듭하던 1944년 가을, 연합군은 대규모 공수부대와 기갑부대를 동원한 마켓가든 작전을 개시한다. 공수부대가 먼저 네덜란드 각지의 교량을 점령하면 뒤따르는 기갑부대가 그 길을 통해 일거에 네덜란드를 돌파해 독일 산업 역량의 핵심인 루르 공업지대를 점령하는 계획이었다. 그러나 전황을 지나치게 낙관한 안일한 계획 속에 거점 점령에 하나둘 실패하며 전체 작전이 실패하게 되고, 전쟁은 1945년까지 이어졌다.

101공수사단은 네덜란드 팔켄스바르트 69번 도로에서 에인트호번을 지나 손강, 베갤, 우덴에 이르는 구역의 교량의 확보하는 임무를 맡았다. 몇몇 교량들은 성공적으로 점령했으나 손강의 다리가 독일군에 의해 폭파되며 작전에 차질이 생기기 시작했고. 101공수사단이 점령했던 구역의 도로와 거점에 독일군의 거센 반격이 진행되며 사단은 큰 피해를 입고 후퇴하게 되었다.

장비

1944년을 전후해서 미 육군 복제와 장비는 또 한 번 큰 변화를 겪게 된다. OD7 M-1943 필드 유니폼과 M-1943 컴뱃 부츠가 전 육군에 보급되었으며 의복뿐 아니라 단독군장등 장비류도 OD7 색상으로 생산되기 시작했다.

공수부대도 예외 없이 공수부대 특유의 M-1942 점프슈트 및 점프 부츠가 M-1943 필드 유니폼과 M-1943 컴뱃 부츠로 교체되었다. 다만 공수부대의 부대 특수성으로 인해 M-1942 점프슈트처럼 M-1943 필드 팬츠에 카고 포켓을 부착하는 등 개조가 더해졌다.

1. 1944년 늦여름부터 공수부대에 보급되기 시작한 M-1943 필드 유니폼. 필드 팬츠에 커다란 카고 포켓을 추가하는 공수부대식 개조가 된 상태이다.

2. BC-611 무전기는 소대 단위에서 사용하기 위해 개발된 소형 무전기로, 핸디토키 또는 워키토키라는 별명으로 불렸다.

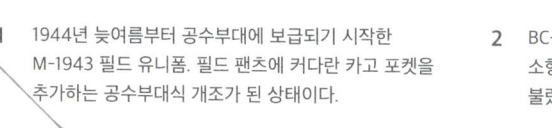

Operation Marketga

48

3 헬멧 뒤통수의 가로 막대 표식은 부사관을 의미한다.

4 M-2 공수 헬멧 외피의 D자형 턱끈 고리는 파손되기 쉬웠기 때문에 보병용 쉘을 재활용 하거나 자체적으로 턱끈 고리를 개조해 사용하기도 했다.

Operation Marketgarden

5   피아 식별용 성조기 휘장, Invasion Flag는 해왕성 작전 당시에는 101공수사단에서는 사용되지 않았지만, 마켓 가든 작전에서는 사용되었다.

Netherland 1944

A1	M-1943 필드 자켓
A2	M-1943 필드 팬츠 (공수부대 개조)
A3	1937년형 울셔츠
A4	공병용 손목 나침반
A5	M6 대검 집과 M3 나이프
A6	M-1943 컴뱃 부츠
B1	M1 개런드 소총
B2	M-1907 가죽 슬링
C1	M-2 공수 헬멧
C2	구급 키트
D1	BC-611 소대 무전기
E	M-1936 단독군장
E1	M-1923 M1 소총 카트리지 벨트
E2	M-1936 서스펜더
E3	M1 대검 집과 대검
E4	MK2 수류탄
E5	M-1943 야전삽 (트랜지션)
E6	M-1910 수통 세트
E7	M-1942 구급 키트
E8	소총탄 밴돌리어

Operation Marketgarden

52

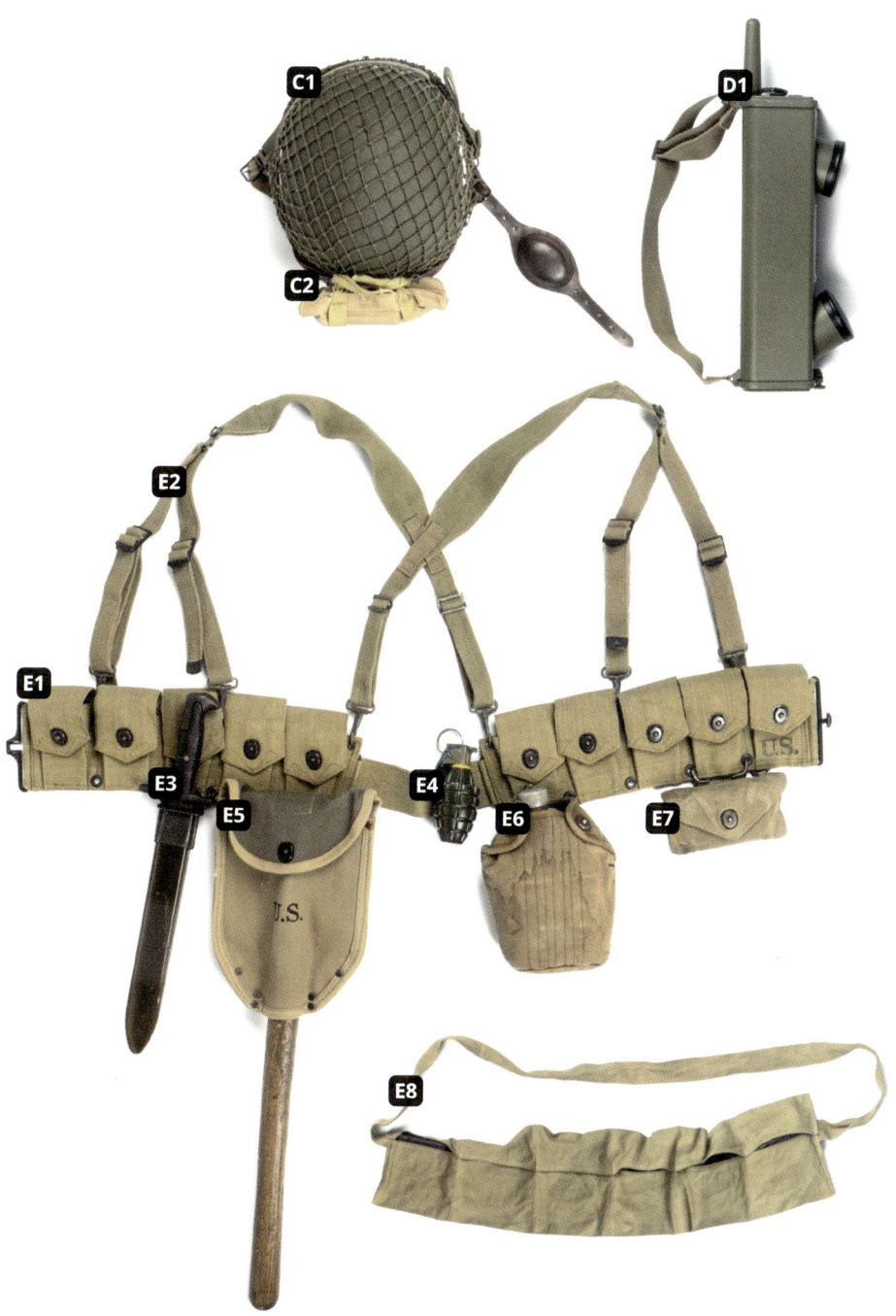

Netherland 1944

1944   Siege of Bastogne

Private First Class (일병)
분대지원화기 사수

327연대

1944
바스토뉴 포위전

배경

1944년 말, 동·서부 전선 양쪽에서 수세에 몰린 나치독일은 전황을 뒤집기 위해 연합군의 포위섬멸을 시도하며 벨기에와 룩셈부르크 사이의 아르덴느 삼림지대에서 공세를 개시했다. 정비 및 휴식중이던 연합군은 이에 제대로 대응하지 못했고, 전선에 거대한 돌출부(Bulge)를 남기며 패퇴했다. 이 상황에서 아르덴느 지역의 요충지인 바스토뉴를 방어하기 위해 101공수사단이 급파되었고, 사단은 거의 4면이 포위된 상태에서 8일간 독일군을 막아냈다. 바스토뉴 방어전의 승리 이후에는 연합군의 반격이 이어졌고, 독일군은 공세 종말점에 도달하며 패퇴, 이후 서부 전선에서의 공세 능력을 완전히 상실했다.

101공수사단 전체가 바스토뉴에서 싸웠으며 특히 바스토뉴 남쪽 방어를 담당했던 327글라이더보병연대는 이 전투의 활약으로 '바스토뉴 불독'이라는 닉네임을 얻었다. 이 닉네임은 연대를 계승한 1여단전투단까지 계승되며 현대까지 이어지고 있다.

327연대 1대대
벨기에, 바스토뉴

장비

비록 공수부대 소속이었지만 글라이더보병연대는 일반 보병 장비를 주로 지급받았다. 뮤젯백 등 공수부대용 장비가 일부 지급되었지만 M-2/M-1C 공수 헬멧, 점프슈트, 점프 부츠등의 공수부대 전용 장비는 지급받지 못했다.

이 병사는 M-1943 필드 유니폼 위에 길고 무거운 사병용 M-1936 울 코트를 착용했으며 전투화 위에 신는 동계용 덧신, 오버 슈즈를 착용하고 있다. 분대 지원 화기인 BAR 사수로, BAR 사수용 전용 벨트가 포함된 M-1936 단독군장을 착용하고 있다.

사진 출처 : Don Pratt Museum

1. 병사들은 근처 민가의 흰색 식탁보나 커튼을 구해 설상 위장 헬멧 커버를 만들곤 했고, 간혹 몸에 두르기도 했다.

2. 동계용 덧신 '오버슈즈'는 1944년 겨울부터 집중적으로 보급되었으며, 1945년부터는 더 나은 성능의 'M-1944 슈팩'으로 교체되었다.

Siege of Bastonge

3 327 연대의 표식인 클로버가 헬멧에 도색되어 있다.
   클로버 3시방향의 사각형은 1대대를 나타낸다.

Belgium

4 M-1938 울 코트는 전쟁 후기에 물자 절약을 위해 단추 재질이 황동에서 베이클라이트(초기 플라스틱)로 변경되었다.

5 BAR은 공수부대에서는 낙하산 공수시 너무 크고 무겁다는 이유로 글라이더 연대에만 편제되었지만, 1944년 12월 이후는 전 사단에 편제되었다.

Siege of Bastonge

6 미군의 전투식량이었던 K-레이션. 12월 23일부터 기상이 호전되며 포위되어있던 101공수사단에 공중 보급이 가능해졌다.

A1	M-1938 울 코트
A2	M-1943 필드 자켓
A3	M-1943 필드 팬츠
A4	울 스카프
A5	울 장갑
A6	M-1943 컴뱃 부츠
A7	캔버스 오버 슈즈
B1	M1918A2 BAR
B2	M-1918 가죽 슬링
C1	M-1 헬멧
C2	설상 위장 헬멧 커버 (현지 제작)
D	M-1936 단독군장
D1	M-1936 BAR 사수 벨트
D2	M-1936 서스펜더와 펠트 어깨 패드
D3	MK2 수류탄
D4	M-1923 구급 키트 (OD7)
D5	M-1943 야전삽 (OD7)
D6	M-1910 수통 세트 (OD7)
D7	M8 대검 집과 M3 나이프

Siege of Bastonge

Belgium 1944

냉전
1950~1960년대

역사와 편제		64	
장비와 무기		68	

막간1	1950년	한국전의 187연대	70
005	1957년	리틀록 사태	72
006	1965년	안 닌 전투	80
007	1967년	1967 디트로이트 폭동	88
008	1969년	937고지 전투	96

02

사단의 역사
1950~1960년대

재활성화
2차세계대전 종전 이후 비활성화되었던 101공수사단은 1948년부터는 주로 훈련부대로 활동하며 활성화와 비활성화를 반복했다. 그러던 1954년, 격화되는 냉전 상황에 맞춰 새로운 주둔지인 캠프 캠벨(Camp Campbell)에서 최종적으로 정규군 사단으로 활성화되었다. 2차세계대전기의 글라이더 공수는 너무 위험하고 비효율적이기 때문에 종전 이후 수송기와 공수 기술의 발달에 힘입어 기존 글라이더보병은 폐지되고 기존 부대들은 전부 낙하산 공수부대로 전환되었다.

펜토믹 사단
소련이 핵 개발에 성공하고 냉전이 격화되던 1950년대, 미 육군은 공수 및 보병사단을 핵전쟁 환경에 맞춘 '펜토믹' 사단으로 재편성하려 했다. 펜토믹 체제에서 기존 연대와 대대 기반 사단 편제는 전투단(Battle Group)으로 대체되었다. 대대와 연대의 중간정도 크기인 각각의 전투단은 핵 공격으로부터의 피해를 최소화 하는 동시에 핵 공격의 효율을 최대화하기 위해 분산된 전투대형으로 포진한 7개 중대로 편제되어 전술핵무기를 포함한 강력한 화력으로 무장했다 미 육군은 펜토믹 편제를 통해 핵무기 사용과 핵 보복이 당연시되던 시대에 상대적으로 홀대받던 육군 재래식 전력의 가치를 증명하고자 했다..

당시 펜토믹 개혁을 추진하던 미 육군 참모총장 Maxwell D Taylor는 참모 비서관이던 William Westmoreland 장군을 101공수사단 사단장으로 임명해 101공수사단을 펜토믹 사단의 실험대로 사용하고자 했다. 때문에 101공수사단은 최초로 펜토믹 사단 편제로 개편된 부대가 되었으며, 2차세계대전 이전의 4개 501, 502, 506, 327연대의 병력에 11공수사단과 82공수사단 소속 병력과 장비 일부를 추가로 배속받았다. 101공수사단을 시작으로 1960년까지 미 육군의 모든 공수·보병사단이 펜토믹 사단으로 개편되었다.

하지만 대대급 중간 지휘체계의 부재 및 전투단마다 편성된 7개 이상의 지나치게 많은 중대와 광대하게 분산된 전투대형은 지휘의 어려움을 낳았고, 미 육군 전통의 근간이던 연대 혈통이 손실되는 등 펜토믹 체제는 많은 문제점을 가지고 있었다. 여기에 더해 전술핵만이 사용되는 제한적인 핵전쟁이 환상이었다는 사실이 드러나며 전술핵 사용에 특화된 펜토믹 사단의 효용성에 대해 의문은 더욱 커져갔고. 결국 1962년 부터는 ROAD(Reorganization Objective Army Divisions) 개편을 통해 1964년까지 보다 전통적인 편제에 가까운 여단 체제로 변경되었다.

전략 군단
1958년, 미 육군은 101공수사단 및 82공수사단, 1,4 보병사단으로 전략적 신속대응부대로 STRAC(Strategic Army Corps, 전략 군단)을 창설했다. 당대 미 육군의 유이한 공수사단 으로써(11공수사단은 1958년 비활성화) 101공수사단은 냉전기 미군의 전략 기동부대로 운용되었으며 82공수사단 및 미 해병 1,2사단과 함께 1962년 쿠바위기 당시 유사시 쿠바를 침공하는 선봉 부대로 선정되기도 했다.

베트남 전쟁
이미 1960년대 초부터 남베트남에 개입하고 있던 미군은 1964년 통킹만 사건을 계기로 본격적인 개입을 시작해 1965년 부터 남베트남에 지상병력을 파병하기 시작했다. 101공수사단은 3번째로 남베트남에 도착한 미 육군 부대였다. 1965년 1여단이 태스크 포스를 구성해 우선 파병되었고 1967년 12월에는 1967년 디트로이트 폭동 진압을 마친 나머지 사단 전체가 파병되어 이후 사단 단위로 작전을 수행했다. 101공수사단은 베트남전의 혼란한 전황에도 불구하고 937고지 전투, 람손 전투 등에서 활약했다. 1972년에는 마지막으로 남아있던 327연대 2대대가 베트남에서 철수하며 101공수사단의 베트남전쟁은 막을 내린다.

한편 당대 미 육군에서는 헬리콥터를 활용한 공중기동(Airmobile)부대를 창설하려 하고 있었고, 1965년 1기병사단을 공중기동사단으로 재창설한 데 이어 1968년에는 101공수사단을 두번째 공중기동사단으로 지정했다. 101공수사단 1,2여단이 공중기동 여단으로 변경되었고 사단 항공대도 증강되었다. 이러한 101공수사단의 개편은 베트남전이 끝나고 사단이 본토에 돌아온 이후에 완성된다.

101공수사단 (ROTAD)
1959

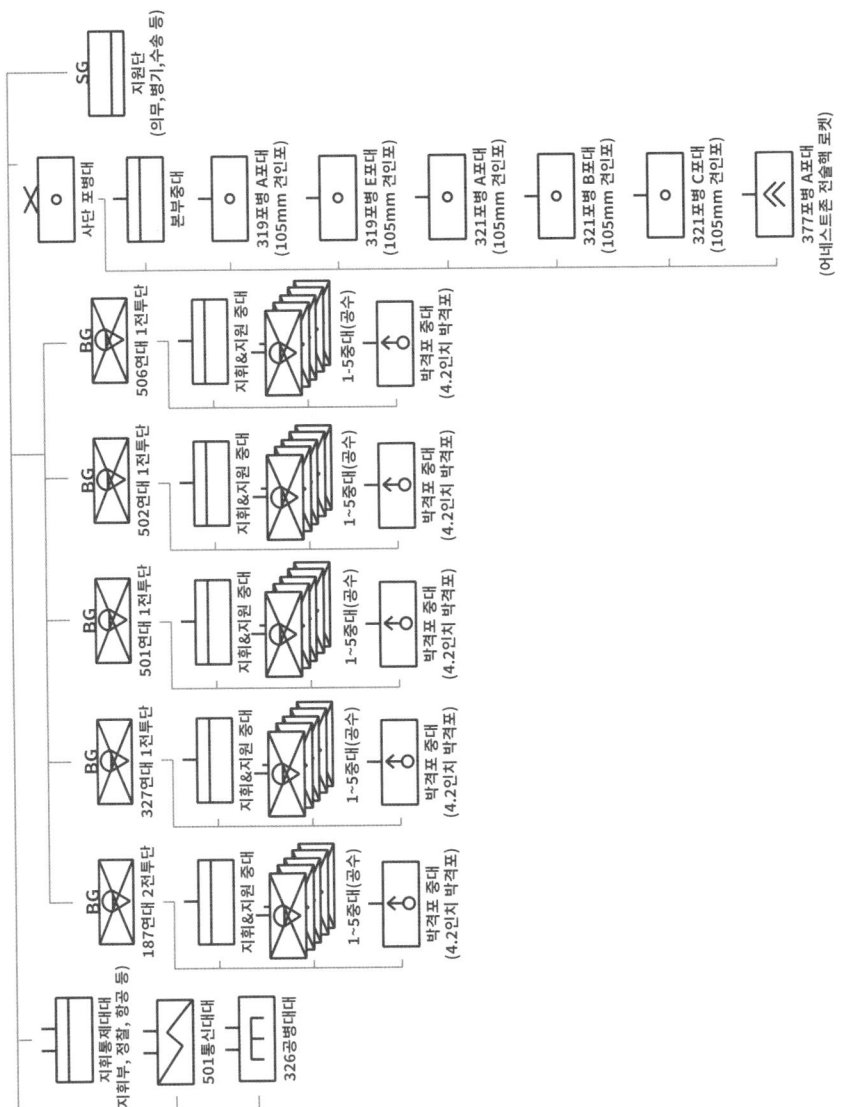

펜토믹 사단 체제 하에서 기존의 보병 연대/대대 편제는 연대보다는 작고 대대보다는 큰 전투단(Battle group)편제로 대체되었다. 각각의 전투단은 전술핵무기 사용을 위해 넓은 간격을 두고 고립되어 전투할 것을 상정했기에 지원부대와 박격포 중대가 별도 편제되어 단독으로도 어느정도 전투력을 발휘할 수 있었다. 101공수사단에서 완성된 ROTAD(Reorganization of The Airborne Division, 개편 공수사단)편제는 82와 11공수사단에도 적용되었으며, ROTAD를 기반으로 ROCID(Reorganization of The Current Infantry Division, 개편 보병사단) 편제가 완성되었고, 곧 보병부대에 적용되었다.

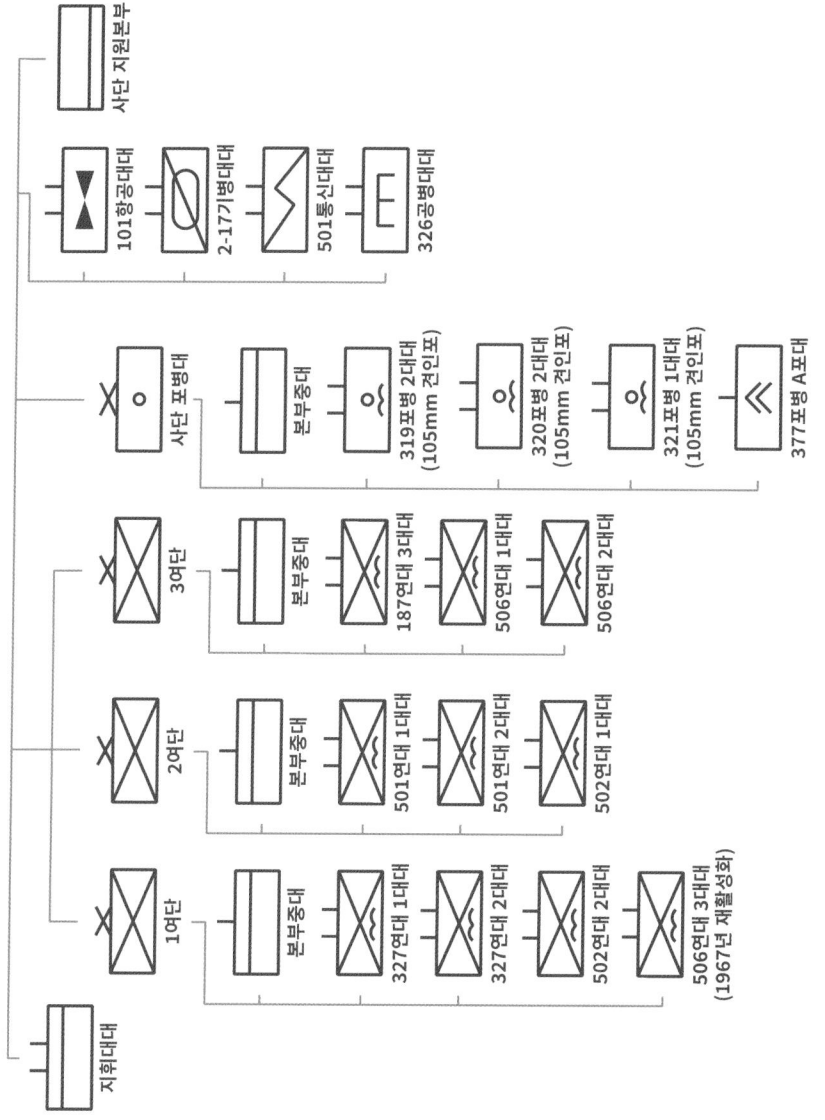

101공수사단
1964

펜토믹 체제의 비효율성으로 1960년부터 진행된 ROAD 개편에서 각 사단은 3개의 여단과 9~12개의 보병 또는 기갑대대로 편성되었다. 이들 대대는 사단 및 여단의 작전 소요에 따라 여단 간 자유롭게 배치될 수 있었다. 101공수사단 등 공수사단의 ROAD개편은 1964년경 완료되었다. 한편 ROTAD 시기 배속받았던 187공수연대 제341대가 ROAD 개혁 이후 3여단에 편제되었고, 이후 101공수사단의 주요 모여단대가 된다.

Cold War

장비와 무기
1950~1960년대

2차세계대전 이후 군축 상황과 핵무기를 사용한 대규모 정규전이 당연시된 냉전 초기 세태는 보병 장비의 발전을 상대적으로 느리고 보수적으로 만들었다. 하지만 1960년대 베트남 전쟁을 거치며 급격한 변화의 흐름을 겪는다.

1 전투 의복

1-1. 전투복

2차세계대전기 사용되었던 HBT 작업복은 그 실용성과 편리함으로 전투복으로도 애용되었기에 미 육군은 그 교훈으로 1940년대 말부터 HBT 작업복을 기반으로 제작된 유틸리티 유니폼을 도입했다. 유틸리티 유니폼은 근무복과 전투복, 작업복을 절충한 디자인으로, 작업복은 물론 전투 시에는 전투복으로, 영내에서는 근무복으로 사용될 수 있었다. 1952년 이후에는 유틸리티 유니폼의 원단을 OG-107 올리브그린 색상 8.5oz 새틴으로 변경한 'OG-107' 유니폼이 등장했다. 이 OG-107 유니폼은 1975년 이후 원단만 폴리-나일론 혼방으로 변경된 OG-507 전투복까지 포함해 1980년대까지 30년 이상 계속해서 사용되었으며, OG-107는 한동안 미 육군 표준 색상이 되어 다양한 의복과 개인장비에 적용되었다.

1-2 필드 유니폼과 혹한기 의복.

2차세계대전기의 M-1943 필드 유니폼은 1950년대 초 M-1950, M-1951로의 개량을 거쳐 1965년에는 M-1965 필드 유니폼으로 완성되었다. 그뿐 아니라 1950년대 한국전쟁에서 극한의 혹한을 경험한 미군은 이에 맞춰 혹한기 의류 시스템을 정비했고, 울 내의/셔츠/바지, 필드 유니폼/내피, 필드 파카 등의 단계로 구성된 혹한기 의복 시스템을 정립해 이전에 비해 효율적인 동계작전을 수행할 수 있었다.

A

1-3 전투화

유틸리티 유니폼의 도입과 함께 공수부대의 점프 부츠와 흡사한 10 1/2인치의 목 긴 장화의 형태의 M-1948 '러셋(적갈색)' 부츠가 1948년 통합 전투화로 도입되었다. 1957년부터는 OG-107 유니폼에 맞춰 검은색으로 결정된 전투화 색상에 맞춘 '검정 가죽 부츠'가 도입되었으며 기존 갈색 전투화들은 검은색으로 염색되었다. 이 '검정 가죽 부츠'는 밑창 등 몇 가지 변화를 거치며 2000년대까지 사용되었다.

C

B

2 개인 장비

2-1 M-1956 단독군장

1956년에는 M-1944/45 단독군장을 대체하는 신형 개인장비 M-1956 단독군장이 등장했다. 신형 M-14 소총용의 더 큰 탄창 파우치와 X자에서 벗어난 H형 서스펜더, 필드 팩 등 변경된 구성품 디자인은 물론 기존의 후크 방식이 아닌 "Slide Keeper" 금속 클립을 사용해 벨트에 부착물을 더 안정적으로, 자유롭게 부착할 수 있었다.

2-2 방호장비

M-1/M-1C 헬멧은 약간의 개량을 거쳐 여전히 널리 사용되었다. 1963년부터는 풀잎을 모티브로 한 '미첼 패턴'이 적용된 헬멧 커버가 도입되어 위장력이 향상되었다. 한편 한국전쟁 말기부터 M-1951이나 T-64 방탄복같은 초기 방탄복이 지급되기 시작해, 한국전쟁 최후반기에 등장한 M-1952A는 1970년대까지 사용되었으며, 1960년대에는 목깃 방호가 추가된 M-1969 방탄복이 도입된다. 이들 초기 방탄복은 나일론 섬유 여러 겹을 적층해 알루미늄이나 플라스틱판으로 보강한 것으로 소화기 탄을 막는다기보다는 파편을 막는 용도에 가까웠으나 부상을 줄여주는 효과 덕에 꾸준히 사용되었다.

D

Equipment & Firearms

4 베트남 전쟁

1960년대부터 치열하게 진행된 베트남전쟁은, 미군 보병 장비 개선을 가속화 했으며 이후 보병 장비 개선 방향에도 지대한 영향을 끼쳤다.

4-1 의복

1962년에는 베트남에 파견된 특수부대의 요구사항을 반영한 열대용 전투복, TCU(Tropical Combat Uniform)가 파병 부대에 도입되었다. TCU는 2차세계대전기 M-1942 점프슈트의 디자인을 바탕으로해 상·하의에 카고 포켓이 부착된 상의를 내어입는 전투복이었으며, 가볍고 건조가 빠른 원단으로 제작되었다. 여기에 덥고 통풍이 안 되던 검정 가죽 부츠를 대체하기 위해서 나일론/캔버스 재질이 추가된 '정글 부츠'도 함께 도입되었다.

4-2 단독군장

무겁고 습기에 약한 전통적인 면 재질의 단독군장을 대체하기 위해 M-1967 단독군장과 같은 과도기 장비들이 제작되는 등 나일론 재질 단독군장 연구가 계속되었다.

4-3 무기

길고 무거우며 연발사격 제어가 힘든 M14 소총은 베트남전에서 한계를 드러냈고, 1965년부터 파병부대를 중심으로 가볍고 반동 제어가 용이한 소구경 5.56mm 탄 자동소총 XM16E1 소총이 보급되기 시작했다. 1969년에는 그 개량형 M16A1 소총이 미군의 제식소총으로 도입되었다.

3 무기

1954년, 미국의 주도하에 NATO(북대서양조약기구)는 7.62x51mm 탄약을 표준 소화기 탄약으로 지정했다.

1957년 미군은 이 새로운 탄약을 사용하는 M14 소총을 제식 소총으로 도입했다. M14 소총은 자동사격 기능으로 분대 지원화기의 역할까지 가능하리라 기대되었으나 크고 무거운데다 연발사격시 반동이 너무 강했기에 그다지 좋은 평가를 받지 못했다. M14 소총에 이어 1959년에는 같은 탄환을 쓰는 M60 중형기관총이 새로운 지원화기로 채택되었다. M60 기관총은 삼각대를 사용해 중기관총처럼, 혹은 사수가 직접 들고 분대와 함께 기동하며 경기관총처럼 사용할 수 있는 다목적 기관총으로 미 육군에서 1990년대까지 사용되었다.

1960년부터는 40mm 유탄을 사용하는 분대 지원화기 M79 유탄발사기가 도입된다. 소총을 사용해 수류탄을 발사하는 총류탄은 이전에도 존재했지만 유탄발사기는 총류탄보다 더 정확하고 멀리 화력을 투사할 수 있어 자동소총과 함께 1960년대 보병 분대 화력의 향상에 크게 기여했다.

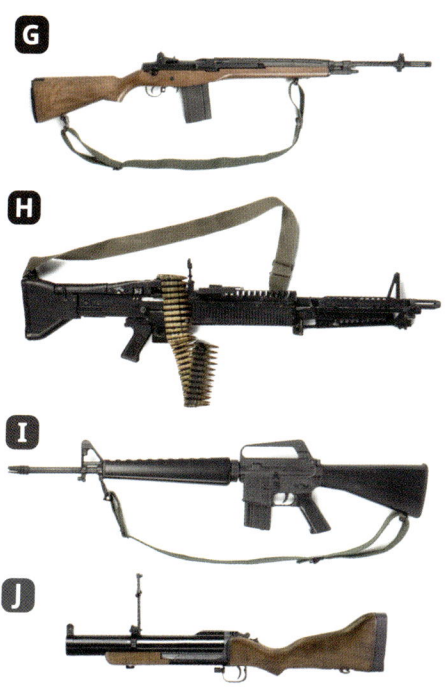

(A) OG107 유틸리티 유니폼 초기형 상·하의 / (B) 초기형 검정 가죽 부츠 / (C) M-1965 필드 자켓 / (D) M-1956 단독군장 / (E) M-1C 공수 헬멧과 헬멧 커버 / (F) M-1952A 방탄복 / (G) M-14 소총 / (H) M60E1 기관총 / (I) XM16E1 소총 / (J) M79 유탄발사기 / (K) 후기형 TCU 상·하의 / (L) 정글 부츠 /

Cold War

1950   **한국전쟁의 187연대**

Private (이병)
소총수

187연대

Interlude 1

배경

101공수사단의 모연대인 187연대는 본래 2차세계대전 당시 태평양 전선에서 싸웠던 11공수사단 소속이었다.

전후 일본에 주둔했던 187연대는, UN군의 반격이 시작되던 1950년 9월 187연대전투단을 구성해 한국에 파병되었다. 187연대전투단은 10월에는 숙천과 순천에서 김일성과 북한군 수뇌부의 퇴로 차단 및 UN군 포로 구출을 위한 공수작전을 실시했으며 1951년 3월 문산에서도 공수작전인 '토마호크 작전'을 수행했다. 187연대전투단은 수원, 원주, 개성, 인제 등 다양한 전투에 참가했으며 1952년부터는 거제도 포로수용소 경비 임무를 맡았다.

장비

한국전쟁의 187공수연대는 2차세계대전 말기부터 진행된 장비 통일의 영향으로 육군 보병과 큰 차이 없는 복장을 하고 있었다.

사진속 대원은 2차세계대전기의 공수부대 개조형 M-1943 필드 팬츠에 전후에 개발된 M-1950 필드 자켓과 HBT 유틸리티 유니폼, M1948 컴뱃 부츠를 착용했으며, 2차세계대전 말기 개발된 M-1945 단독군장을 착용한 전형적인 한국전쟁기 공수부대원의 복장을 하고 있다.

1 M-1943 필드 자켓을 개량한 M-1950 필드 자켓. 많은 양이 생산되지 않고 1951년에 바로 M-1951 필드 자켓으로 교체되었다.

2 총열에 착검장치가 달린 후기형 M1 카빈.

3 M-1942 점프 부츠를 기반으로 개발된 M-1948 '러셋' 컴뱃 부츠는 보병과 공수부대 모두 지급되었다.

4 철모의 반원 표식은 187공수연대 2대대의 표식이다.

5 한국전쟁기 미군에게 흔히 보이는 허리의 3단 파우치는 한 칸에 MK2수류탄을 1개씩 총 3개를 수납할 수 있었다.

1957 — Little Rock Crisis

Specialist Third Class (3급 기술병)
소총수

327연대

005 · 72

1957
리틀 록 위기

327보병연대 1공수전투단
미국 아칸소, 리틀 록

배경

1954년 미국 연방 대법원은 남부 17개에서 백인과 흑인을 분리한 공립학교 설립을 위헌으로 판결했다. 전미 흑인 지위 향상 협회에서는 이 판결을 환영하며 백인학교에 흑인 학생을 등교시키려 했다. 하지만 그 중 아칸소주 리틀록의 센트럴 공립 고등학교에서는 아칸소주 주지사가 이를 거부하며 주 방위군을 동원해 9명의 흑인 학생의 등교를 막았다. 이에 드와이트 D 아이젠하워 대통령은 아칸소주 주 방위군을 연방군에 강제 편입시킴과 동시에 101공수사단을 파견해 흑인 학생들의 등교길을 보호했다. 이러한 조치로 인해 9명 중 한 명인 어니스트 그린이 센트럴 공립 고등학교의 첫 아프리카계 졸업생이 될 수 있었다.

리틀록에 파견되었던 327보병연대 1공수전투단은 1957년부터 진행된 펜토믹 디비전 계획에 의해 새롭게 편제된 병력으로, 개편과 함께 글라이더보병부대에서 낙하산공수부대로 전환되었다.

장비

리틀록의 101공수사단은 소요 사태와 시위대에 대응하기 위해 착검한 M1 소총에 유사시를 최루탄 사용을 위한 방독면도 휴대하고 있었다. 대원들의 주무장(M1 소총)과 착용하고 있는 단독군장(카빈)이 다른데, 시위진압을 위해 카빈이 아닌 M1 소총을 지급받은 채 기존 단독군장은 그대로 착용한 것으로 추정된다.

병사들은 1950년대의 전형적인 보병 복장인 OG-107 유틸리티 유니폼과 검은색으로 염색된 M-1948 부츠, M-1944/45 단독군장을 착용했다. 이 병사는 하의로 M-1951 필드 팬츠를 착용했는데, 공수부대는 종종 카고 주머니가 있는 필드 팬츠를 전투복 하의 대신 착용하곤 했으며 간혹 OG-107 하의에 카고 포켓을 덧붙여 사용하기도 했다.

1. M-1951 필드 팬츠를 위한 M-1950 서스펜더를 착용했으나 M-1944/45 단독군장의 서스펜더는 착용하지 않았다.

Little Rock Crisis.

2 M1 소총용의 신형 M5 대검을 착검하고 있다.

3 최루탄 사용을 위한 M9A1 방독면을 휴대하고 있다.

Little Rock Crisis.

4 밑부분에 추가 장비를 결속할수 있도록 개량된 후기형 M1 카빈 탄창 파우치를 사용하고 있다.

Little Rock 1957

A1	OG-107 유틸리티 셔츠 (초기형)
A2	M-1950 바지 서스펜더
A3	M-1951 필드 팬츠
A4	M-1948 부츠 (검은색)
B1	M1 개런드 소총
B2	M5 대검
B3	면 소총 슬링
C1	M-1C 공수 헬멧과 헬멧 밴드
D1	M9A1 가스마스크
E	M-1944/45 단독군장
E1	M-1943 피스톨 벨트
E2	카빈 15발 탄창 파우치
E3	M-1923 구급 키트
E4	M-1910 수통 세트
E5	M8A1 대검 집
E6	M-1943 야전삽

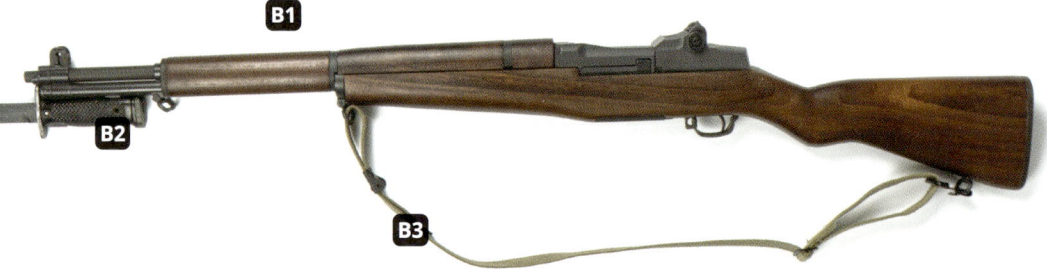

Little Rock Crisis.

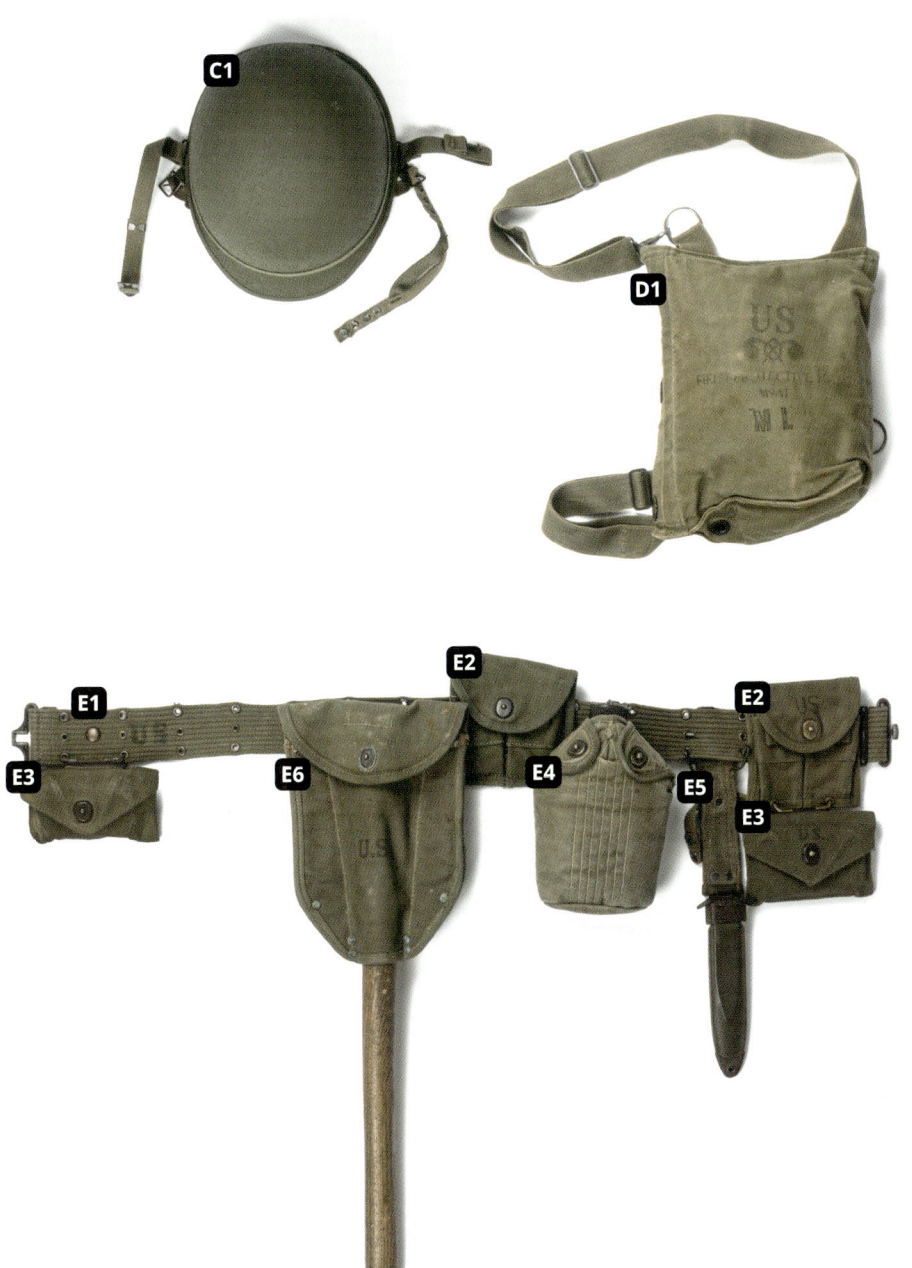

Little Rock

1965   Battle of An Nihn

Sergeant First Class (중사)
부소대장

502연대

006   80

1965
안 닌 전투

502연대 2대대
남베트남, 안케 지구

배경

1965년 101공수사단 1여단이 남베트남에 파병되며 101공수사단은 3번째로 베트남에 파병된 미 육군 사단이 되었다. 1여단은 1965년 8월부터 남베트남 북부의 안케지역에서 갓 창설된 공중기동(Airmobile)사단, 1기병사단의 주둔지를 확보하는 '하이랜드 작전'을 개시했다. 작전 도중 근방의 안-닌 마을에서 베트민을 발견한 101공수사단은 '지브롤터 작전(Operation Gibraltar)'을 개시, 502연대 2대대가 파견되어 전투가 벌어진다.

베트민은 미군 두 번째 제파의 헬기 투입 순간을 노려 공격해왔고, 502연대 2대대는 공중 지원도 어려운 상황에서 제대로 된 중화기도 없이 격전 끝에 지역을 확보할 수 있었다.

장비

베트남전 지상군파병 초기 미 육군의 표준적인 복장을 확인할 수 있다. 공수부대용 M-1C 공수 헬멧에 M-1956 단독군장을 착용했으며, 파병부대용으로 채용된 신형 XM16E1 소총을 사용하고 있다. 베트남 파병부대를 위해 개발된 TCU와 정글부츠가 지급되었지만 여전히 일부 병력들은 본토에서 파병될때 착용했던 OG-107 유틸리티 유니폼과 검정 가죽 부츠를 착용하기도 했다.

1 XM16E1 소총은 지상군 파병 초기에는 공수부대 등 정예 사단부터 지급되었다.

2 1968년까지는 OG-107에 사용되던 유채색 부착물을 그대로 사용했다.

Battle of An Ni

3 M-1956 개인군장의 필드 팩은 용량 부족 문제로 한차례 개량을 거쳤음에도 결국은 더 큰 용량의 프레임 럭색의 도입으로 이어졌다.

3 필드 팩은 현장에서는 주로 엉덩이에 부착한다 하여 '버트팩'이라고 불렸다.

South Vietnam 1965

4 베트남 정글 환경에 맞춰 지급받은 방충제를 헬멧 밴드에 끼워두었다. 병사들은 다양한 물건을 필요와 기호에 맞춰 헬멧에 끼우고 다녔다.

Battle of An Ninh

5 본토 병력용이었던 검정 가죽 부츠도 전쟁 초기에는 제법 사용되었다.

South Vietnam 1965

A1	TCU 상·하의 (초기형)
A2	검정 가죽 부츠 (초기형)
A3	필드 워치
B1	XM16E1 소총
B2	면 소총 슬링
C1	M-1C 공수 헬멧과 헬멧 커버
C2	방충제
C3	C-레이션 휴지
D1	판초 우의
D2	M17 방독면
D3	5.56mm 탄 밴돌리어
E	M-1956 단독군장
E1	M-1956 피스톨 벨트
E2	M-1956 서스펜더
E3	M-1961 필드 팩
E4	M-1956 범용 탄창 파우치
E5	M-1956 수통 세트
E6	M-1956 붕대/나침반 파우치
E7	M-1910 수통 세트 (OD-7)
E8	M-1956 야전삽
E9	M8A1 대검 집과 M7 대검
E10	M26 수류탄
E11	M34 백린연막탄
E12	M18 연막탄
E13	MX991/U 랜턴

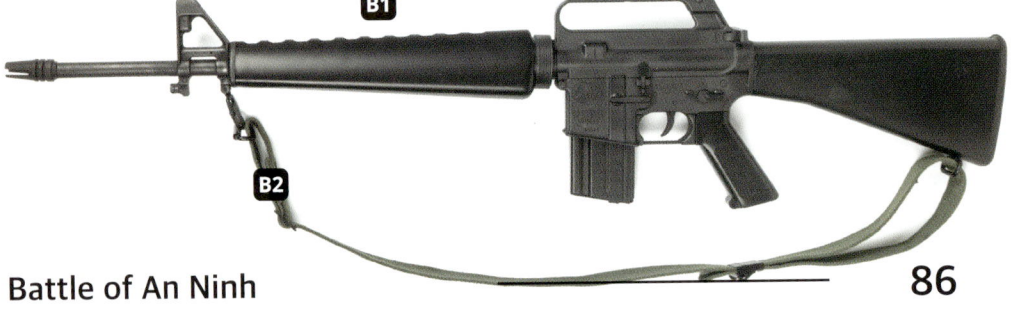

Battle of An Ninh

1967

1967 Detroit Riot

Private First Class (일병)
소총수

AIRBORNE
101 공수사단

007
88

1967
1967년 디트로이트 폭동

배경

1967년 미시간주 디트로이트시에서 경찰의 과잉진압으로 촉발된 흑인 폭동이 발생했다. 이 폭동은 1주일간 지속되며 천여명이 넘는 사상자와 5천만 달러 이상의 큰 피해를 남겼다.

디트로이트시 및 미시간주 주 경찰, 뒤이어 주 방위군으로도 사태가 진정되지 않자, 린든 B 존슨 대통령은 7월 25일 연방군의 101공수사단과 82공수사단 4천여 명을 파견했다. 백인 위주에 시위 진압 훈련도 받지 못한 주 방위군에 비해 연방군은 인종 구별 없이 편성되어 인종문제에 더 유연한 모습을 보였고, 파견 전에 시위 진압 훈련을 받았기에 더 효과적으로 폭동에 대처할 수 있었다. 7월 27일에는 착검과 탄창을 해제할 정도로 상황이 안정화되었으며, 7월 29일 부터 연방군이 철수하며 사태는 일단락 되었다.

101공수사단
미국 미시간, 디트로이트

장비

디트로이트에 파견된 101공수사단은 1960년대 미군 표준 보병 장비를 착용하고 있었다. M-1956 단독군장과 OG-107 유니폼 및 검정 가죽 부츠를 착용했다. 여기에 소요 사태 대응을 위해 M1952A 바디아머를 착용하고 CS 수류탄과 방독면을 휴대했다. 화기는 당대 막 제식소총으로 도입되었던 XM16E1(M16A1)소총이었으며, 소요 사태 대응을 위해 착검을 했다.

1 M17 방독면을 착용하고 있다.
2 M7A3 CS수류탄을 사용하고 있다.

1967 Detroit Riot

3 대원들은 현장의 폭력사태에 대비해 소총에 착검 상태를 유지했다.

Detroit 1967

4 M-1942 점프 부츠와 동형인 콜코란 社의 부츠는 공수부대원들 사이에서 인기 있었다.

1967 Detroit Riot

Detroit 1967

A1	OG-107 유틸리티 유니폼 상·하의
A2	점프 부츠 (Colcoran, 개인 구매)
B1	XM16E1 소총
B2	M7 대검
B3	면 소총 슬링
C1	M-1C 공수 헬멧과 헬멧 커버
D1	M-1952A 바디아머
D2	M-17 방독면
E	M-1956 단독군장
E1	M-1956 피스톨 벨트
E2	M-1956 서스펜더
E3	M-1956 범용 탄창 파우치
E4	M-1956 수통 세트
E5	M-1956 붕대/나침반 파우치
E6	M8A1 대검 집
E7	M7A3 CS수류탄

1967 Detroit Riot

1969 Battle of Hill 937

Private First Class (일병)

M60 기관총 사수

1969년
937고지, '햄버거 힐' 전투

187연대 1대대
남베트남, 동 압비아 산

배경

남베트남-라오스 국경 지대의 아사우 계곡은 라오스를 월경해 남베트남으로 침투하는 북베트남군의 주요 보급로이자 병력 이동로였다. 1969년 5월, 미군 지휘부는 아사우 계곡에서 북베트남군을 몰아내기 위해 101공수사단과 미 해병대, 남베트남군의 총 10개 보병대대를 동원한 아파치 스노우 작전을 개시했다. 주공은 101공수사단 3여단의 187여단 3대대로, 이들은 아사우 계곡의 요충지인 동압비아산의 937고지를 점령하는 임무를 맡았다. 험준한 산악 정글에서 미군의 화력 지원은 제한되었고 고지전 형태의 보병 전투가 이어져 피해가 속출했다. 187연대 3대대는 101공수사단 2여단 병력을 증원받는 악전고투 끝에야 5월 20일 고지를 점령할 수 있었다.

전투 직후 미군은 북베트남군 영향력의 제거라는 목표를 달성했기에 곧 고지를 포기하고 철수했는데, 이를 취재한 언론에 의해 무의미하게 사상자를 낸 전투라는 의미로 '햄버거 힐'이라는 멸칭으로 불리게 되었다.

장비

베트남전쟁이 진행되며 미군의 보병 장비는 전장 환경에 맞게 점차 발전해 나갔다. 내구성이 강한 립스탑 직조 원단에 간략한 디자인의 후기형 TCU, 습기에 강하고 넉넉한 용량을 가진 나일론 재질 라이트웨이트 럭색, 정글 진 흙탕에서 사용하도록 밑창이 개량된 정글 부츠 등 정글전 환경에 맞는 신형 장비들이 개발 및 지급되었다.

베트남전 지상전 후반기 미 지상군 철수의 시작과 본토의 반전 여론으로 인한 사기 저하, 군 기강 해이는 미군의 복장과 장비 착용 행태를 자유롭고 무질서하게 만들었으며, 덥고 습한 환경과 지속되는 게릴라전, 정글전의 연속에서 간부들도 규정 보다는 현장의 편의에 따라 묵인하곤 했다. 101공수사단은 한국전쟁 등 참전 경험이 있는 간부진과 사단 자체의 분위기로 인해 그나마 군기 유지가 가능했다.

1. M60 기관총의 7.62mm 링크 탄은 바로 사용하기 위해 몸 여기저기에 걸쳐서 휴대하는 게 보통이었으며, 탄포나 탄통을 사용해 휴대하기도 했다.

2. 미 지상군 철수가 시작된 1968년 이후부터는 당대 반전주의, 히피문화 등에 영향을 받은 액세서리들이 종종 확인된다.

Battle of Hill 937

3   67년경부터 지급된 라이트웨이트 럭색은, 기존 필드 팩에 비해 수납량이 획기적으로 증가했으며 가볍고 습기에 강한 나일론 원단으로 제작되었다.

3   대원들은 보통 럭색 외부에 판초 우의, 피아식별 판, 수통 등 다양한 장비들을 결속했다.

South Vietnam   1969

4 1968년부터는 유채색 부착물이 금지되었지만 101공수사단과 같은 '메이커' 사단들은 사기 진작을 위해 유채색 부대 마크가 허용되었다.

5 쉐브론 계급장은 1968년부터 목깃 계급장으로 대체되었지만, 한동안은 혼용되었다.

Battle of Hill 937

6 최루탄 사용을 위해 휴대했던 M17A1 방독면. 하지만 최루탄 포격은 예정되었던 5월 18일 당일 아군 포병의 아군 오사로 인해 취소되었다.

A1	TCU 상·하의 (후기형)
A2	필드 워치
A3	정글 부츠
B1	M60 중형 기관총
B2	GP 스트랩
C1	M17A1 방독면
C2	M-1C 공수 헬멧과 헬멧 커버
D	M-1956 단독 무장
D1	M-1956 피스톨 벨트
D2	M-1956 붕대/나침반 파우치
D3	M-1956 수통 세트
D4	M-1916 홀스터와 M1911A1 권총
E1	7.62mm 링크 탄약
E2	7.62mm 100발 밴돌리어
E3	M18 연막탄
F1	라이트웨이트 럭색
F2	크레모아 가방
F3	수타식 신호탄
F4	VS-17 GVX 대공포판
F5	판초 우의와 판초 라이너

Battle of Hill 937

전환기
1970~1980년대

역사와 편제　　　　　　　　　　　106
장비와 무기　　　　　　　　　　　110

009	1976년	REFORGER '76	112
막간2	1974~1979년	공중강습 베레모	120
010	1981년	BOLD EAGLE '82	122
011	1983년	RENDEZVOUS '83	130
012	1982년~	시나이 평화유지군	138
막간3	1987년	대한민국의 506연대	146

03

사단의 역사
1970~1980년대

공중강습

한국전쟁기부터 군용으로 사용되기 시작한 헬리곱터는 베트남전에서도 미군과 남베트남군에 의해 사용되며 효율적인 기동수단이 증명되었다. 이에 미군은 헬리콥터로 기동하는 항공기동(Airmobile)부대를 창설하기로 결정, 1965년 1기병사단을 최초의 항공 기동사단으로 재창설한다. 이어서 1968년에는 101공수사단을 미 육군의 두 번째 공중기동사단으로 지정했다. 이를 위해 기존 사단 항공대를 증편한 여단급의 101항공단이 창설되었으며, 1972년까지 3여단만 낙하산 공수부대로 남은 채 1,2여단이 항공기동여단으로 개편되었다.

1972년 베트남전에서 본토로 복귀한 101공수사단은 전후 비활성화된 173공수사단의 병력과 장비를 지원받아 본격적인 공중기동사단으로의 개편작업을 시작하며, 1974년에는 일부 소규모 편제를 제외한 모든 사단이 헬기 기동부대로 전환하며 헬기부대로의 개편이 완료된다. 동시에 공중기동(Air Mobile)이라는 명칭을 공중강습(Air Assault)으로 변경되어 단순히 헬기에 탑승해 기동하는 이상의 입체적 헬기 전문 기동작전 부대임을 상징하게 되었다. 이와 함께 새로이 공중강습 휘장이 제정되었으며, 포트 캠벨의 공중강습학교 교육을 수료시에 수여되며 지금에 이르고 있다.

중동으로

1973년 4차 중동전과 이어지는 석유 금수조치로 인한 오일쇼크 등 미국의 석유 자원 확보에 위협이 되는 일련의 사건들을 겪으며 1970년대 미국의 관심은 중동에 집중되었다. 이어지는 1979년 소련의 아프가니스탄 침공과 1980년 이란 혁명은 이러한 위기감을 한층 더 고조시켰고, 미국은 중동에서의 석유 공급을 보호하기 위한 군사적 개입도 검토하기 시작했다. 1980년 지미 카터 대통령은 연례사에서 외국 세력이 페르시아만 및 주변 지역을 장악하려 시도한다면, 이를 미국의 국익에 대한 공격으로 간주하여 군사력을 포함한 모든 대응으로 맞설 것이라고 발표했다.

지미 카터 대통령은 이러한 맥락에서 미군이 배치되지 않은 지역에도 언제든 파견할 수 있도록 1979년 82공수사단, 101공수사단(공중강습), 9보병사단, 해병대 1개 사단으로 구성된 신속 대응부대 RDF(Rapid Deployment Force)를 창설했다. RDF는 석유공급에 중요한 중동지역을 주 무대로 활동했으며, 이후 1980년에는 육,해,공,해병을 아우르는 강력한 합동 타격 전력인 신속 대응 합동 태스크포스, RDJTF(Rapid Deployment Joint Task Force)로 확대되었다.

신속 대응부대로 지정된 101공수사단은 1980년과 1985년에는 미국과 이집트가 주도하는 중동지역 연합훈련인 Bright Star에 참여했으며, 중동전쟁 이후 다국적군이 평화유지 임무를 수행하던 시나이반도에 파병되기도 하는 등 중동지역을 무대로 여러가지 임무를 수행했다.

공중기동 휘장

공중강습 휘장

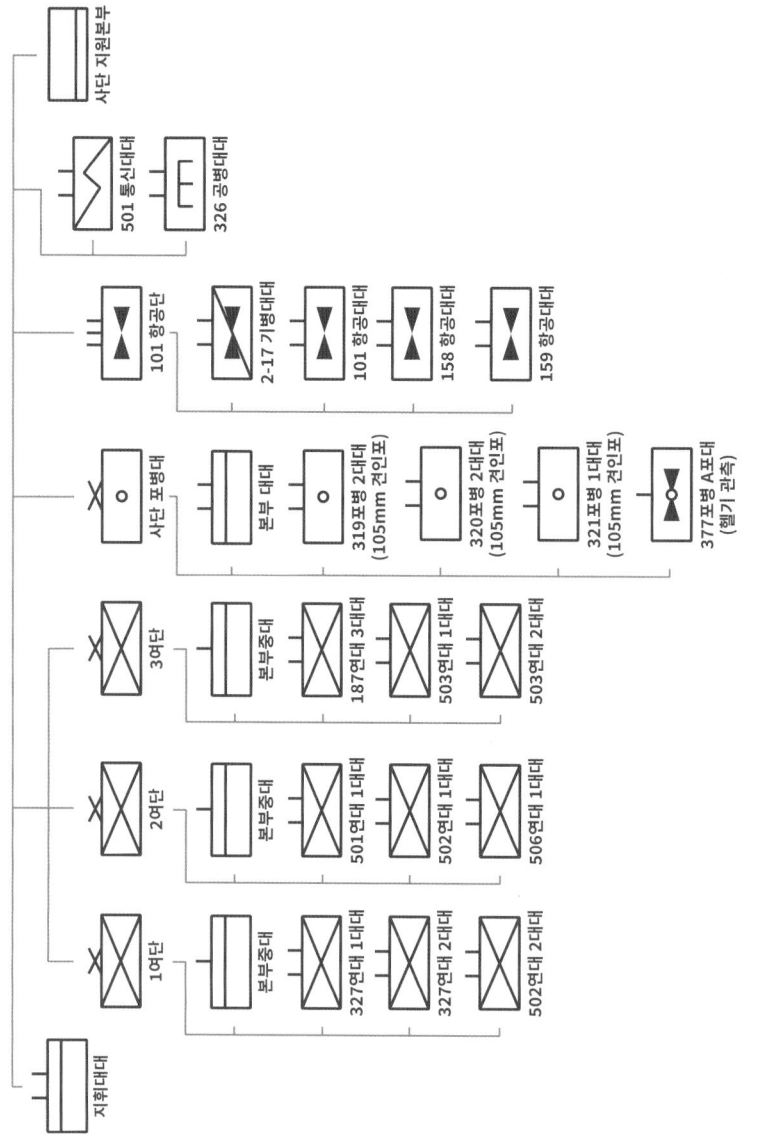

101공수사단 (공중강습)
1974

101공수사단은 1968년 항공기동사단으로 지정된 이후 사단 직속 101항공여단을 3개 항공여단으로 편제된 160 항공단(1969년에는 101 항공단으로 재지정)으로 증편해 공중기동사단에 걸맞은 회전익 항공 전력을 구성했다. 1972년에서 1974년까지는 베트남전쟁 이후 비활성화된 173공수여단의 장비와 병력을 흡수해 낙하산 공수부대로 남아있던 3여단을 공중강습부대로 재건하여 완전한 공중기동(공중강습)사단으로 일반전환했다.

History & Organization 108

101공수사단 (공중강습)
1987

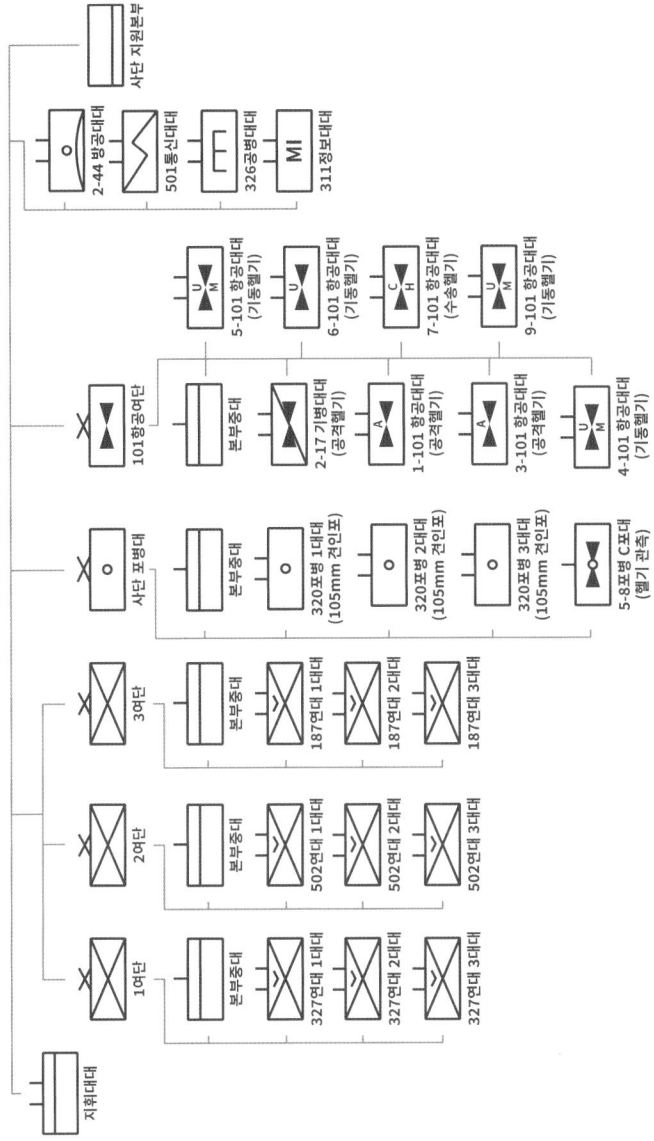

1981년부터 미 육군은 USARS(U.S. Army Regimental System, 미 육군 연대군부대에 연대구성요소를 연결, 연대의 전통과 관습을 계승하여 소속감과 전투력 향상을 꾀했다. 이에 맞춰 101공수사단은 1984년부터 501과 506 2개 연대 재대를 비활성화 했으며 327,502,187 3개 보병연대와 320포병연대를 기반으로 재편되었다.

장비와 무기
1970-1980년대

1970~1980년대를 지나며 미 육군은 베트남전에서의 전훈 및 연구를 바탕으로 위장무늬 전투복, 나일론 재질 단독군장, 방탄 헬멧과 방탄복, 분대 지원화기 경기관총 등 당대 최첨단 개념들을 도입한다. 이는 외형적으로는 이전과 비교해 엄청난 변화로 비치지 않지만, 실제로는 미래 미 육군의 압도적인 보병 장비의 초석이 되는 중요한 변화들이었다.

1 전투 의복

1-1 위장무늬 전투복

1948년 개발된 위장무늬 ERDL(Engineer Research & Development Laboratories) 패턴은 베트남전에서 높은 평가를 받았으나, 미해병대에서 정규군용으로 도입했을 뿐 육군에서는 크게 관심을 보이지 않았다. 이후 미 육군 위장무늬의 계보는 1979년 창설된 RDF에서 이어지는데, RDF는 상의의 사선 포켓이 수직 직사각형 포켓으로 대체된 TCU와 흡사한 디자인의 RDF 전용의 RDF 전투복을 지급받았다. 이 RDF 전투복에는 ERDL 패턴과 및 ERDL 패턴을 개량한 RDF 패턴이 적용되었다, 1981년부터는 RDF 패턴을 개량한 'US 우드랜드' 패턴을 RDF 전투복을 참고한 디자인에 적용한 BDU(Battle Dress Uniform)가 개발되어 육/해/공/해병 전군의 통합 전투복으로 도입되었다. BDU는 이후 2004년경 ACU로 대체되기 전까지 25년여간 미 육군의 전투복으로 사용되었다.

한편 RDF의 주 활동 지역으로 지정된 서아시아 사막 환경에 맞는 사막 위장복도 연구되어 1980년대 초에는 애리조나 사막을 참고해 제작한 사막 6색 패턴과 이를 적용한 DBDU가 도입, 사막 지역 파병 병력에 지급되었다.

검정 가죽 부츠는 밑창과 끈을 쉽게 조일 수 있는 스피드 레이스가 추가되는 등의 소폭 개량을 거쳐 BDU와 함께 계속해서 사용되었으며, DBDU와 착용할수 있도록 데저트 부츠도 개발되었지만 아주 소량만 사용되었다.

1-2 ECWCS

1984년에는 향상된 동계 의복 시스템, ECWCS(Extended Cold Weather Clothing System)가 도입되었다. ECWCS는 23가지 의복을 단계적으로 착용해 보온성을 확보하도록 설계되었으며 고어텍스 재질의 파카, 폴리에스터 재질의 내피와 내의 등 합성소재가 다수 사용되어 의복을 단순히 껴입기만 하던 기존의 방한 의복 체계에 비해 방한 효율이 크게 향상되었다. ECWCS시스템은 이후 3차례 이상 개량되었으며, 현재까지도 미 육군에게 전 세계 최고 수준의 방한 의복을 제공하고 있다

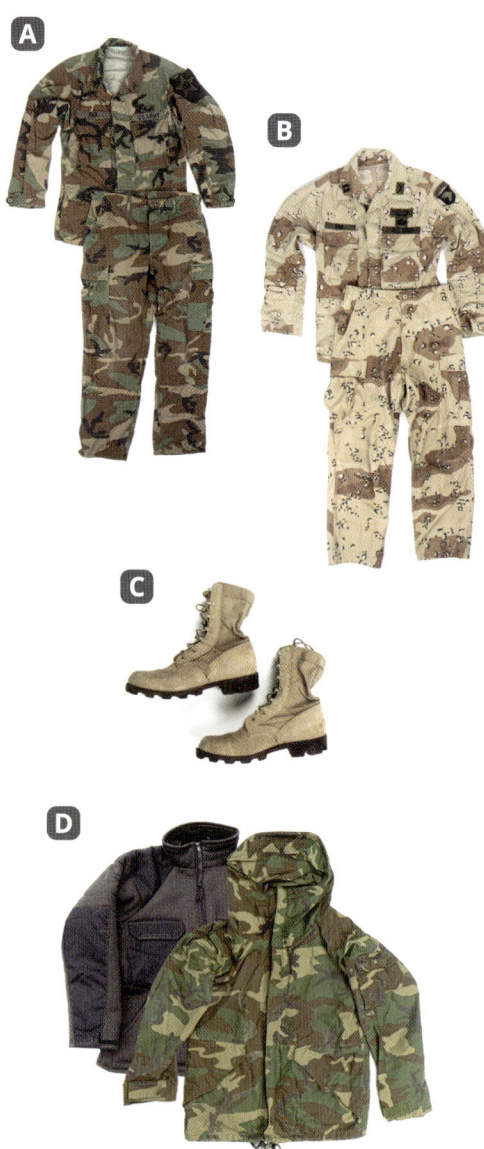

2 개인 장비

1-1 ALICE 단독군장

베트남전쟁을 계기로 개인장비에 사용되기 시작한 나일론 덕 재질은 1973년 ALICE(All-purpose Lightweight Individual Carrying Equipment)라는 명칭으로 완성되어 미 전군의 통합 단독군장으로 도입되었다. ALICE 단독군장에는 베트남전부터 효용성이 입증된 프레임 럭색이 포함되어 있었는데, 두가지 크기로 생산되어 용도에 맞춰 사용되었으며 그전 필드 팩을 사용할 때에 비해 병력 개개인의 장비 휴대량이 크게 증가하여 전술적 효율성과 유연성이 향상되었다.

Equipment & Firearms

1-2 방호장비

베트남전쟁까지 사용되었던 나일론 방탄 섬유에 대한 연구가 계속되어 1980년대 PASGT(Personnel Armor System for Ground Troops)가 개발되었다. PASGT는 1973년 듀폰 社에서 개발한 케블러 섬유를 소재로 제작되었으며 헬멧과 방탄복으로 구성되어 있었다. PASGT 헬멧은 케블러 섬유를 적층해 페놀수지 처리해 경화시켜 제작되었으며, 기존까지 사용되던 M-1 헬멧과 전혀 다른, 귀와 후두부를 보호할 수 있는 실루엣으로 디자인되었다. PASGT 바디아머는 앞섶을 여미는 전통적인 방탄복의 형태로 제작되었으며, 케블러 섬유를 적층한 방탄 충전재를 사용해 우드랜드 패턴 외피로 마감되었다. PASGT는 여전히 권총탄 정도를 방호하는 수준에 그쳤지만 이전 세대의 M-1 헬멧, 나일론 수지 방탄복들에 비해 향상된 방호력과 착용감으로 2000년대까지도 현역으로 사용되었다.

다. M9 권총은 M1911A1 권총은 물론 군별로 난잡하게 도입된 각종 권총을 통합·대체 했다.

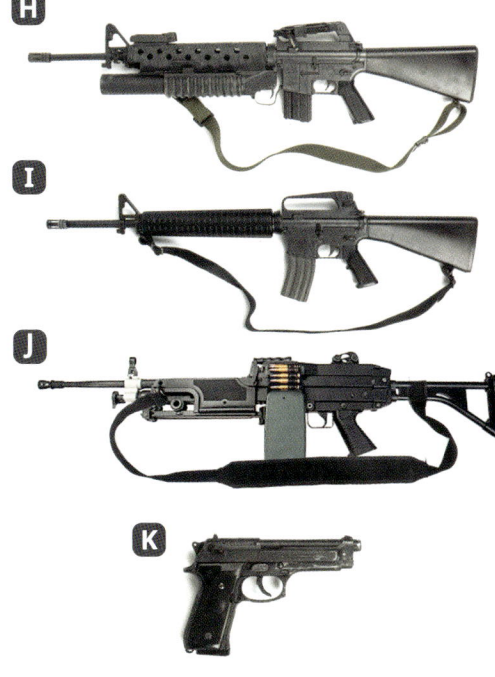

3 무기

미 육군은 1983년 M16A1 소총을 신형 탄에 맞춰 개량한 M16A2 소총을 새로운 제식소총으로 도입했으며 1984년에는 벨기에 FN社의 미니미 5.56mm 탄띠식 경기관총을 분대 지원화기 M249로 도입했다. 미 육군은 M14 자동소총의 도입 이래 제식소총에 양각대를 추가해 분대 지원화기로 사용해 왔기에 분대 화력 문제가 지속적으로 제기되어 왔었다. 여기에 1969년 도입된 M203 유탄발사기는 소총 아래에 부착해 사용하는 유탄발사기로 유탄 사수가 소총수 한 명분의 화력을 온전히 발휘할 수 있었다. 이들 신무기의 도입은 미 육군의 분대 화력과 안정성이 다시 한번 향상되는 계기가 되었다.

1985년에는 나토 표준 9x19mm 권총탄을 사용하는 이탈리아의 베레타社의 M92F 권총을 4군 통합 권총 M9으로 도입했

(A) BDU 상·하의 / (B) DBDU 상·하의 / (C) 데저트 부츠 / (D) ECWCS 1세대 파카와 내피 / (E) ALICE 단독군장 / (F) PASGT 헬멧 / (G) PASGT 바디아머 / (H) M16A1 소총과 M203 유탄발사기 / (I) M16A2 소총 / (J) M249 경기관총 / (K) M9 권총

1976　　　REFORGER '76

Specialist (특기병)
유탄발사기 사수

327연대

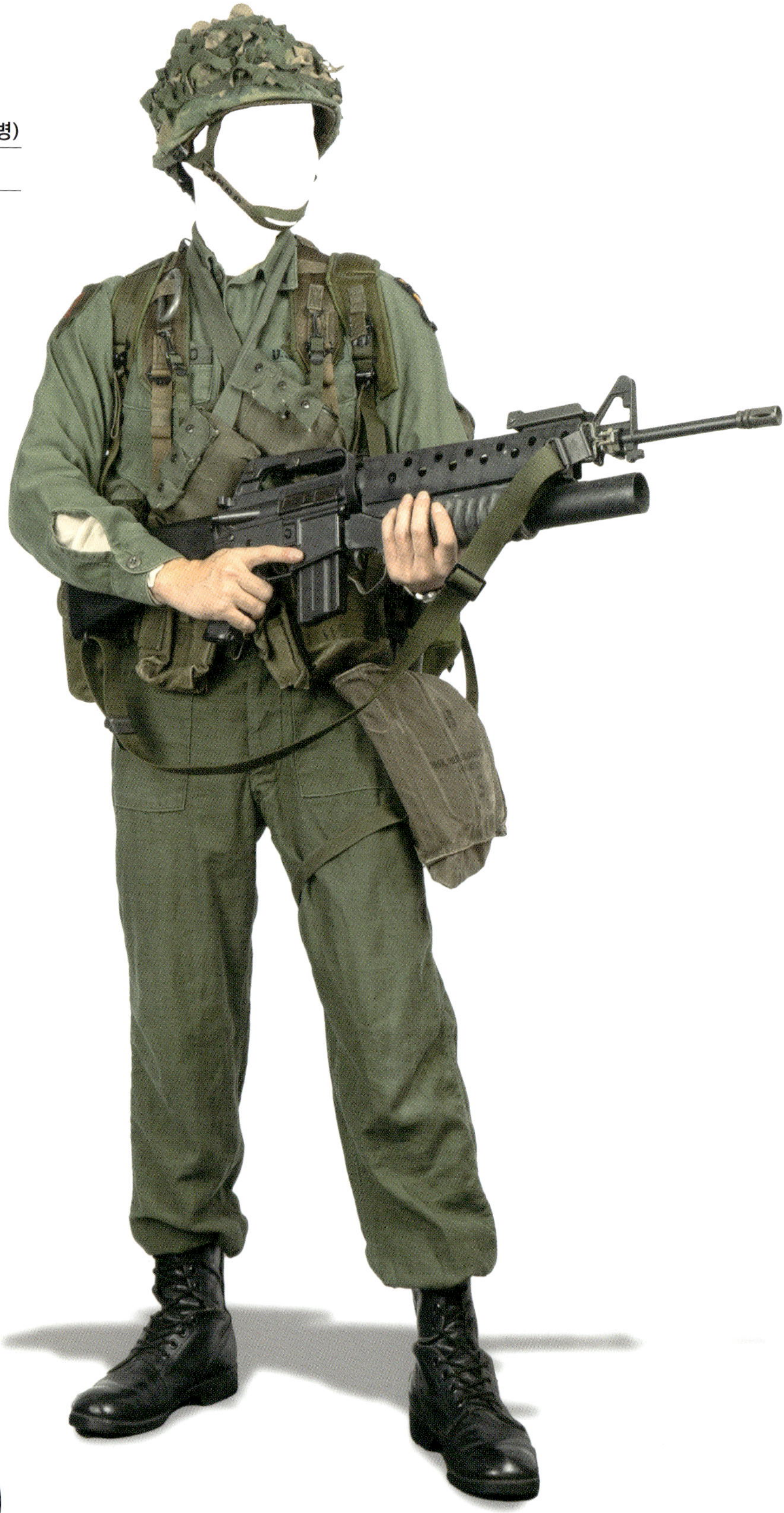

1976
REFOGER 76 훈련

배경

1966년 프랑스의 NATO 탈퇴와 격화되는 베트남전쟁 전황 속에 미 의회에서는 예산 절약을 위해 유럽 주둔 미군의 감축을 결정했다. 대신 중장비를 유럽에 치장해둔 채 유사시 사단급 인력을 미국 본토에서 유럽으로 재배치하기로 하고, 이를 위한 훈련인 REFORGER(REturn of FORces to GERmany)를 1969년부터 개최해 미국의 유럽 방위 의지를 보증하기로 했다. REFORGER는 NATO 병력 총합 12만 5천여 명이 참여하는 거대한 기동훈련이었으며, 1969년부터 1993년까지 거의 매년 시행되었다.

101공수사단은 1976년 REFORGER '76에 1,3여단이 참가했으며 2여단의 대전차 중대를 모아 헬기로 수송하는 기동화 대전차 부대인 T-LAT대대(시험 경 대전차대대)를 창설해 베트남전쟁 이후 대규모 정규전에서도 헬기 기동부대의 가치를 증명했다.

327연대 3대대
서독일

장비

1970년대 중반까지도 미 육군의 복장은 OG-107 유틸리티 유니폼과 M-1 헬멧, M-1956 단독군장 등이 그대로 사용되어, M14 소총이 M16A1 소총으로 대체된 것을 제외하면 1960년대와 크게 달라지지 않았다. 하지만 베트남전쟁 중 연구되어 70년대 초 도입된 나일론 재질 단독군장들이 보급되기 시작했으며, 70년대 중반에는 ALICE 단독군장 및 ALICE 럭색이 흔하게 확인되기 시작했다. ALICE 단독군장 외에도 이전 세대의 M-1967 MLCE 단독군장 재고품도 함께 보급되었다.

출처 :AP 통신

출처 :AP 통신

1. M-1956 단독군장에 M-1967 MLCE 서스펜더를 조합해 사용하고 있다. 1970년대 중반까지는 기존 M-1956 단독군장이 다수 사용되었다.

2. 40mm 유탄 출고시 담겨 나오는 유탄 밴돌리어는 유탄 사수들의 유탄 휴대장비로 애용되었다.

REFORGER '76

3 위장을 보강하기 위해 헬멧 커버 위에 위장망을 추가로 씌우곤 했다.

4 전면 포켓에 사각형 조임 버클이 있는 초기형 ALICE 중형 럭색. 중형 럭색은 보통 프레임 없이 단독으로 사용되었다.

West Germany 1976

5 나일론 재질의 유탄 사수용 베스트는 M-1967 MLCE의 구성품이었으나 그 디자인 그대로 2000년대까지 생산되었다.

6 럭색의 측면에는 보통 야전삽과 수통을 결합했다. 상부 덮개에는 우의가 결속되어 있다.

REFORGER

7 카고 주머니를 활용하기 위해 M-1965 필드 팬츠를 착용하는 모습도 확인할 수 있다.

8 M16A1 소총을 위한 30발 탄창은 1970년대 후반에야 넉넉한 수량이 보급되어 그전까지는 20발 탄창이 더 흔하게 사용되었다.

A1	OG-107 유틸리티 유니폼 상·하의
A2	M-1950 동계 내의
A3	전피 장갑
A4	필드 워치
A5	검정 가죽 부츠
B1	M16A1 소총과 M203 유탄발사기
B2	유탄발사기 호형 가늠자
B3	나일론 소총 슬링
C1	M-1C 공수 헬멧과 헬멧 커버
C2	위장망
D1	유탄 밴돌리어
D2	M17A1 방독면
E	M-1956 단독군장
E1	M-1956 피스톨 벨트
E2	M-1967 서스펜더
E3	M-1956 범용 탄창 파우치
E4	M-1956 붕대/나침반 파우치
E5	M-1956 수통 세트
E6	M8A1 대검 집과 M7 대검
E7	카라비너
F1	ALICE 중형 럭색
F2	M-1956 야전삽
F3	M-1973 수통 세트
F4	우의

REFORGER '76

West Germany 1976

1974~1979

공중강습 베레모

Major (소령)
1여단 작전과장

1여단 본부중대

Interlude 2

배경

1973년부터 미 육군은 베트남전쟁 철수 이후 떨어진 군의 위신과 사기를 회복하고, 동시에 모병률을 높이기 위해 부대별 고유 베레모 도입을 허가했다.

101공수사단(공중강습)은 1974년부터 낙하산 공수부대에 도입된 자주색 베레모(머룬베레)에 대응하는 짙은 푸른색 공중강습 베레모를 도입했다. 하지만 이후 각종 베레모가 부대별로 지나치게 남용되자 1979년 미 육군은 공수부대와 레인저 등 일부를 제외한 부대의 베레모 착용을 금지하고, 푸른색 공중강습 베레모는 역사 속으로 사라지게 되었다.

장비

공중강습 베레모에는 제대별 모장을 부착했으며, 장교의 경우 모장 위에 금속 계급장을, 병의 경우 금속 부대 문장(Crest)을 부착했다. 여기에 공중강습 교육을 수료하면 모장 옆에 금속 공중강습 휘장을 부착했다. 미 육군에서 베레모는 원칙적으로 영내에서만 사용할 수 있었으며 전투 및 작업용으로는 사용되지 않았다.

한편 이 대원은 1975년부터 미 육군에 도입된 OG-507 유틸리티 유니폼을 착용하고 있는데, OG-507 원단은 세탁후 다림질이 필요 없어 사용하기는 더 편리했지만 덥고 각 잡기 힘들었기 때문에 대원들에게 인기가 없었다.

1   이 대원은 1970년대 말의 1여단 본부중대 소령으로, 베레모에 1여단 모장과 소령 계급장, 공중강습 휘장을 부착했다.

2   우측 명찰 위에는 베트남전쟁 중 취득한 남베트남군 공수 자격 휘장을 부착했다.

3   허리의 캐러비나에는 각종 작은 장비를 거치하는 용도였을 것이다.

Fort Campbell   1974~1979

1981 BOLD EAGLE '82

Second Lieutenant (소위)
소대장

101 공수사단

1981
BOLD EAGLE '82 훈련

미국 켄터키, 포트캠벨

배경

BOLD EAGLE은 미국 합동참모본부가 주관하는 중-저강도 충돌 대응 사령부 준비 태세 훈련 중 하나였다. BOLD EAGLE '82는 1981년 10월 13일부터 11월 25일까지 플로리다의 에글린 공군기지에서 진행되었으며, 101공수사단은 일부 병력을 대항군으로 파견, 24기계화보병사단과 공군 비행장 수비대 등과 함께 공군기지 방호 훈련을 진행했다. BOLD EAGLE '82에는 총 20,400여 명의 육해공해병대 병력이 훈련에 참여했다.

장비

RDF 창설 초기부터 RDF 소속이었던 101공수사단은 RDF 부대에 특징적으로 보급되었던 단색/위장무늬 RDF 전투복 대신 미 육군의 일반 OG-507 유틸리티 유니폼이 더 흔하게 사용되었다. 그 때문에 장비는 특별히 허가된 유채색 사단 마크를 제외하면 당대의 일반적인 미군 보병과 특별히 다를 것이 없었다.

전체적인 모습은 1980년대에 제식화된 M16A1소총의 30발탄창을 제외하곤 70년대와 크게 달라지지 않았다. OG-507 유틸리티 유니폼, M-1965 필드 자켓, RDF 패턴 헬멧 커버를 씌운 헬멧, ALICE 단독군장 등 당대 미군 보병의 일반적인 장비가 확인된다.

1 세탁물 주머니를 잡낭으로 사용하고 있다.
2 M16A1 소총 총구에는 5.56mm 탄 용 공포탄 어댑터가 부착되어있다.

BOLD EAGLE '82

3 ALICE 수통 세트와, ALICE 3단 야전삽가 결속된 ALICE 중형 럭색.

Fort Campbell 1981

4 1960년대 베트남전 부터 사용되어온 나일론 소총 슬링.
5 RDF 패턴 헬멧 커버는 1980년대 초반 미 육군에서 흔히 사용되었다.

BOLD EAGLE '82

Fort Campbell — 1981

A1	M-1965 필드 자켓
A2	OG-507 유틸리티 유니폼 상·하의
A3	전피 장갑
A4	필드 워치
A5	검정 가죽 부츠
B1	M16A1 소총
B2	공포탄 어댑터
B3	나일론 소총 슬링
C1	M-1C 헬멧과 RDF 헬멧 커버
D1	런더리 백
E	ALICE 단독군장
E1	ALICE 피스톨 벨트
E2	ALICE 서스펜더
E3	ALICE 탄창 파우치
E4	ALICE 붕대/나침반 파우치
E5	M-1972 수통 세트
E6	SDU-5 스트로브 세트
F1	ALICE 중형 럭색
F2	ALICE 3단 야전삽
F3	ALICE 수통 세트

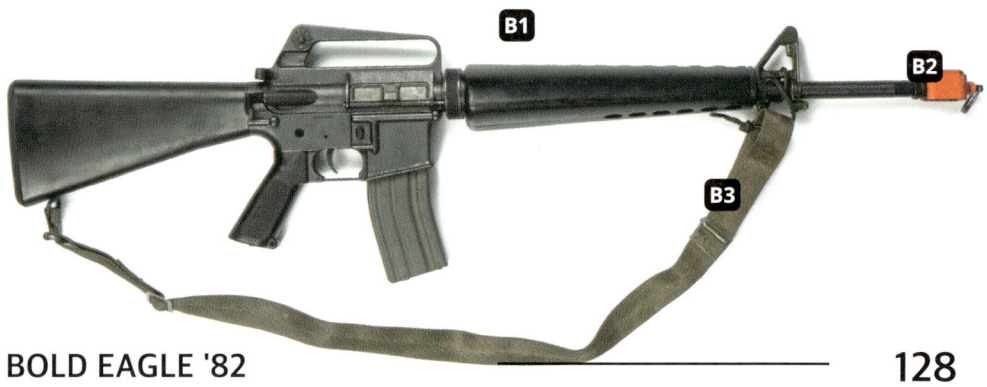

BOLD EAGLE '82

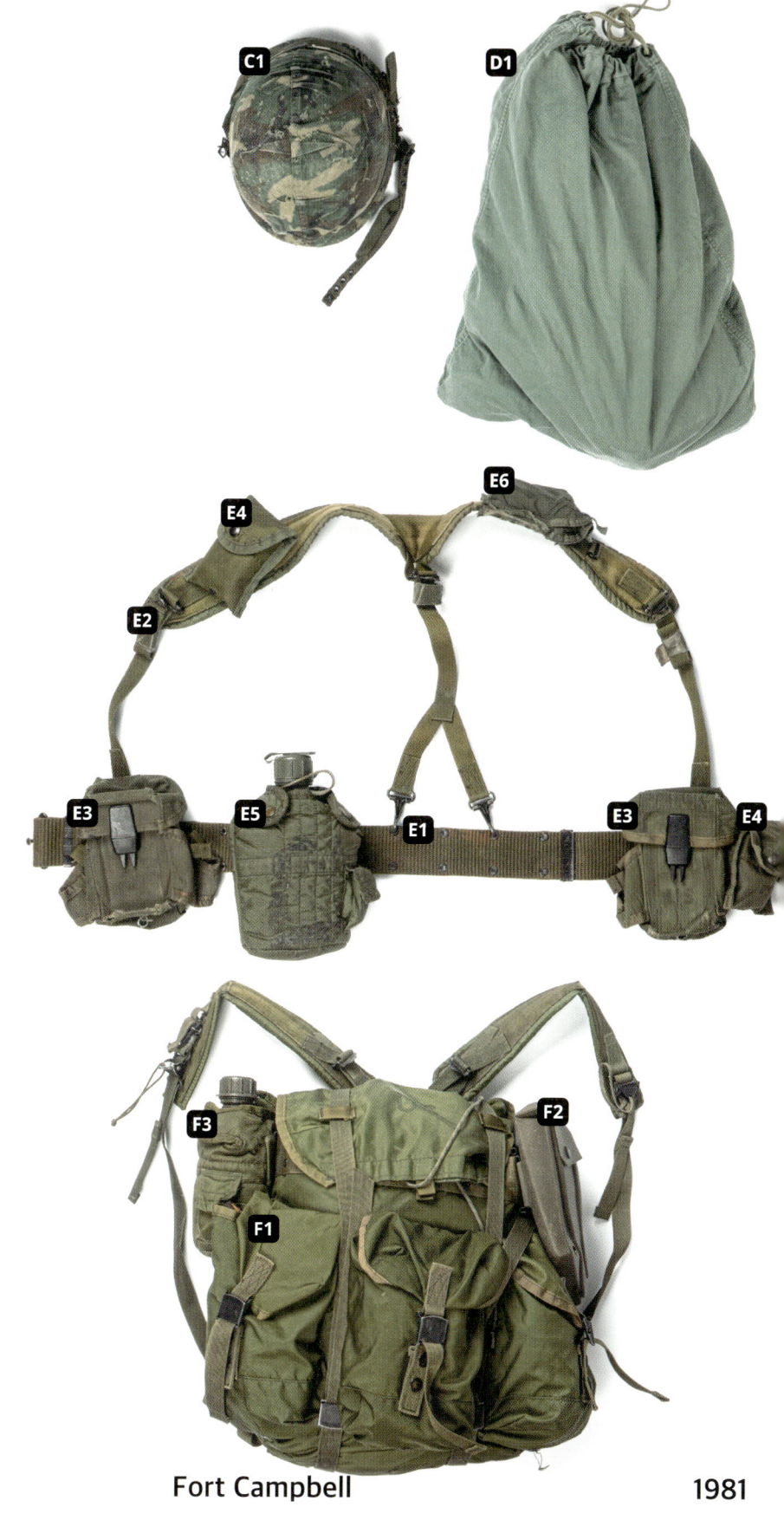

1983 RENDEZVOUS '83

Specialist (특기병)
M60 기관총 사수

327연대

011   130

1983
RENDEZVOUS '83 훈련

배경

냉전기간 미국은 NATO의 일원으로 다양한 NATO 회원국들과 연합 훈련을 진행했다. RENDEZVOUS 연습은 캐나다 Camp Wainwright에서 1981년부터 2년마다 진행되었던 캐나다/NATO의 사단급 합동 훈련이다. 1983년 진행된 RENDEZVOUS '83에는 101공수사단의 327연대 1대대가 참가했다.

327연대 1대대
웨인라이트 캠프, 캐나다

장비

1981년에 도입된 BDU를 시작으로 1980년대 초반에는 우드랜드 패턴의 헬멧 커버 등 각종 의복과 장비가 도입되기 시작했으나, OG-107 M-1965 필드 유니폼을 비롯해 많은 단색 구형 재고품이 혼용되고 있었다. REDENZVOUS '83의 327연대 1대대 대원들은 대부분 BDU를 착용했지만, 동 시기 101공수사단을 포함한 일부 미 육군 병력은 여전히 OG-507을 비롯한 구형 의복을 착용하고 있었다.

1 턱끈이 더 단순하고 두껍게 개량된 신형 M-1 헬멧으로, 공수용이 아닌 일반 보병용이다. 기존 M-1C 공수 헬멧의 재고도 여전히 사용되었다.

2 1981년부터 지급되기 시작한 초기형 BDU는 특유의 커다란 목깃이 특징이다. 캐나다의 추운 날씨에 잠옷 셔츠와 M-1951 내의를 껴입었다.

RENDEZVOUS '83

3 M60 기관총 총구에는 M60 기관총용 공포탄 어댑터가 부착되어 있다.

4   7.62mm 100발 밴돌리어는 M60 기관총 측면에 거치해 탄창처럼 사용할 수 있었다.

5 동계에 헬멧 안에 착용하는 방한 헬멧 라이너 캡을 모자처럼 착용하고 있다.

6 습한 환경에서 참호족을 예방하기 위해 사용되는 고무 오버슈즈로, 2차세계대전 당시 사용되던 것과 동형이다.

Canada 1983

A1	BDU 상의
A2	M-1950 바지 서스펜더
A3	M-1965 필드 팬츠
A4	잠옷 셔츠
A5	M-1950 동계 내의
A6	전피장갑과 울장갑
A7	필드워치
A8	검정 가죽 부츠
A9	고무 오버부츠
B1	M60 중형기관총
B2	공포탄 어댑터
B3	76.2mm 탄 밴돌리어
B4	기관총 슬링
C1	M1 헬멧과 우드랜드 헬멧 커버
C2	헬멧 라이너 캡
D1	M17A1 방독면
E	ALICE 단독군장
E1	ALICE 피스톨 벨트
E2	ALICE 서스펜더
E3	ALICE 탄창 파우치
E4	ALICE 붕대/나침반 파우치
E5	ALICE 수통 세트
E6	M-1923 45구경 탄창 파우치
E7	M-1916 홀스터와 M1911A1 권총
E8	권총 랜야드
E9	카라비너

RENDEZVOUS '83

Canada 1983

1982~   Sinai Peacekeeping

Captain (대위)
중대장

502연대

012   138

1982~
시나이 평화유지군

배경

MFO(Multinational Force and Obsevers, 다국적군과 관찰관)는 1973년 4차 중동전쟁 이후 이스라엘과 이집트 쌍방의 평화조약 준수 여부와 시나이반도 근해 항해의 자유를 보장하는 국제 평화유지군으로, 1981년 설립되어 2023년 현재까지 활동하고 있다. 본래 UN 평화유지군 파병이 논의되었지만, 시리아의 사주를 받은 소련의 거부로 인해 대안으로 창설된 것이다.

101공수사단은 1982년 502연대 1대대를 시작으로 순환제로 MFO에 병력을 파견했다. 1985년에는 6개월간 임무를 마치고 본국으로 귀환하던 502연대 3대대의 248명을 태운 여객기가 캐나다 Gander 국제공항에서 추락해 탑승객과 승무원 전원이 사망하는 참사가 발생했다.

502연대 2대대
이집트, 시나이 반도

장비

MFO에 파견된 대원들은 국적과 부대를 가리지 않고 공통으로 MFO를 상징하는 휘장과 MFO를 상징하는 주황빛 베레모 및 모표를 보급받았다.

파병 복장은 1980년대 초 도입된 DBDU 외에는 별다른 특징이 없었으며 파병 기간 별다른 장비의 변화가 없던 이유로 시기별로도 크게 달라지지 않았다. 평화유지군으로 평소에는 베레모와 단독군장만을 착용한 가벼운 복장이었지만 유사시에 대비해 방탄 헬멧, 방탄복, 방독면 등 완전한 단독군장류를 주둔지에 보관했다. 이 대원은 1985년 새로이 도입된 M9 권총과 홀스터 등 부수기재로 유추했을 때 1985년 이후의 복장임을 유추할 수 있다.

1. MFO도 UN 평화 유지군처럼 주황색 베레모와 휘장을 착용했다. 장교는 금속, 사병은 모직 모표를 사용했다.

2. 전투복 팔을 걷는 것은 영내에서만 가능했으며 정해진 규정이 있었다.

Sinai Peacekee

140

3 M-1956 단독군장부터 존재하던 필드 팩은 ALICE 단독군장에서도 나일론 재질로 바뀌어 꾸준히 사용되었으며, 현대의 MOLLE 에서도 그 명맥을 이어간다.

Sinai Peninsula 1982~

4 해외 파병부대는 전투복 좌측 어깨에 성조기를 부착하기도 했다.

Sinai Peacekeeping

5 1985년부터 도입한 M9 권총에 맞춰 홀스터와 탄창 파우치도 나일론 재질의 신형으로 교체되었다.

6 2차세계대전부터 사용된 M16A1 쌍안경과 같이 광학 장비는 신형이 등장해도 바로 교체되지 않고 오랜시간 병행 사용되었다.

A1	DBDU 상·하의
A2	필드 워치
A3	정글 부츠
B1	M16A1 소총
B2	검정 소총 슬링
C1	MFO 베레와 금속 모표
D1	M17A1 방독면
E	ALICE 단독군장
E1	ALICE 피스톨 벨트
E2	ALICE 서스펜더
E3	ALICE 탄창 파우치
E4	ALICE 붕대/나침반 파우치
E5	ALICE 수통 세트
E6	트레이닝 백
E7	ALICE 9mm 탄창 파우치
E8	M-12 홀스터와 M9 권총
E9	랜야드

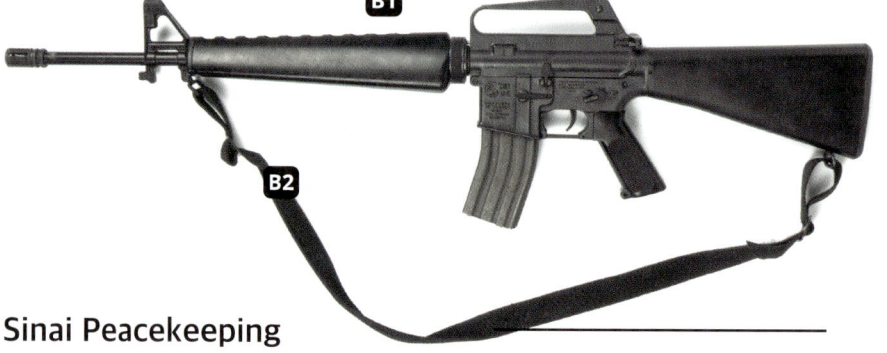

Sinai Peacekeeping

Sinai Peninsula 1982~

1987 대한민국의 506연대

Private (이병)
소총수

506연대

Interlude 3

배경

미육군 연대 시스템 적용으로 인한 부대 개편으로 1984년 506연대 1대대를 마지막으로 506연대의 모든 제대가 비활성화되었다. 하지만 3년뒤인 1987년 미 육군은 대한민국에 주둔하던 2보병사단 9연대 2대대를 506연대 1대대로 재지정해 재활성화 하며, 506연대는 2보병사단 에서 그 전통을 이어가게 된다. 506연대 1대대는 임진강 북쪽 캠프 그리브스에 주둔해 DMZ의 감시임무를 수행했으며, 2004년까지 대한민국에 주둔했다.

이후 2004년 506연대 1대대는 이라크로 파병되었고 2005년 본토로 복귀하면서 12보병연대 2대대로 재지정 된다. 대신 미군의 여단전투단 개편에 따라 101공수사단에 506연대의 전통을 계승한 4여단 'Curahee' 및 예하 506연대 1대대가 재활성화 되었고, 506연대의 전통은 그 고향에서 다시 이어지게 되었다.

장비

BDU, PASGT 헬멧과 우드랜드 헬멧 커버, ALICE 단독군장, M16A1 소총 등 80년대 후반 미군보병의 전형적인 복장을 보여준다.

1 한국 주둔 병력들은 위장 네트를 잘라 얹거나 BDU를 잘게 찢어 위장 커버를 제작해 추가 위장을 하는 경우가 많았다.

South Korea 1987

밀레니엄을 향하여
1990년대

역사와 편제 150
장비와 무기 154

013	1991년	사막의 폭풍 작전	156
014	1995년	아이티 평화유지군	164
015	2000년	조인트 가디언 작전	172

04

역사와 편제
1990년대

냉전의 종식

1989년 베를린 장벽의 붕괴와 이어지는 독일의 통일로 2차 세계대전 종전 이래 50여 년간 지속되었던 냉전은 사실상 종식되었다. 이렇듯 대규모 군비 지출을 정당화할 명분이 사라지자 미군은 대대적인 군축으로 병력과 예산을 축소하기로 했고 이러한 흐름에 맞춰 미 육군도 군축작업 '퀵 실버 프로젝트'를 실행해 병력을 75만여명 에서 53만여 명으로 감축했다.

걸프전과 1990년대

1990년 사담 후세인의 이라크는 이웃 국가 쿠웨이트를 침공했다. 명백한 침략 행위를 전 세계가 규탄했으며, 곧 UN 결의안에 따라 미군을 포함한 다국적군이 결성되어 1991년 2월, 이라크로부터 쿠웨이트를 해방하기 위한 사막의 폭풍 작전(Operation Desert Storm)을 개시했다. 당대 첨단 무기를 동원한 정밀 공중폭격과 뒤이어 시작된 기계화부대와 공중강습부대의 협공에 지상전 개시 100시간 만에 이라크는 수십만의 사상자를 남긴채 항복했다. 미군은 그 자신도 놀랄만큼 압도적인 전쟁수행능력을 보여주며 세계 유일의 초강대국으로서의 위용을 보여주었다.

101공수사단은 당대 전세계에서 가장 강력한 헬기 자산을 보유한 부대로, 101항공연대의 AH-64 아파치 공격헬리콥터의 공격으로 지상작전의 서막을 알렸으며, 쿠웨이트의 이라크군을 서쪽으로 우회한 후방 250km에 초장거리 헬기 강습을 수행하며 적의 퇴로를 차단, 수천 명의 포로를 획득하면서 단 한 명의 전사자도 내지 않았다.

걸프전 이후 1990년대에는 미 육군이 개입하는 대규모 전쟁은 벌어지지 않았으며, 미 육군은 소말리아, 아이티, 발칸반도 등 세계 각지 분쟁지역에서 평화유지활동을 주로 수행했다.

101공수사단 (공중강습)
1997

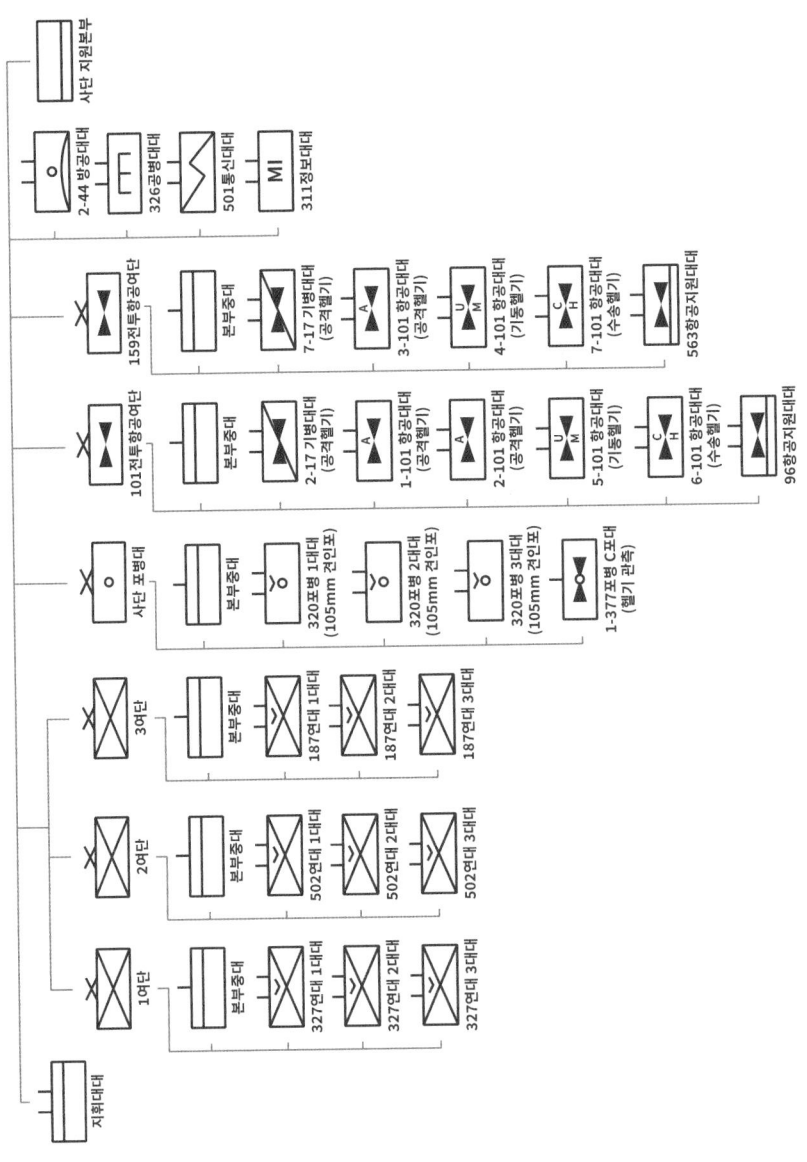

1997년부터 기존 101항공여단 전력을 101전투항공여단과 159전투항공여단 2개 항공여단으로 분리하여 101공수사단은 미군 최초로 2개의 항공여단을 보유한 사단이 되었다.

History & Organization

장비와 무기
1990년대

냉전 붕괴 이후 10여 년간 미 육군은 큰 전쟁 없이 전 세계 분쟁지역의 저강도 전장에서 평화유지 임무를 주로 수행했다. 이러한 저강도 전장에서 미 육군은 이후 소화기 방어 등 보병 방호 장비 발전을 위한 경험을 얻었다.

1 전투 의복

DBDU의 사막 6색 위장 패턴은 보편적인 사막환경에서는 위장 효과가 떨어졌다. 그래서 1990년 초부터는 패턴을 단순화 해 위장효과가 개선된 3색 위장 패턴과 이를 적용한 DCU가 미군의 새로운 사막 위장 전투복으로 도입되었다.

1990년대 후반에는 ECWCS가 2세대로 개량되어 파이버 파일 재질 자켓이 더 가볍고 방한성이 뛰어난 폴라텍 플리스 재질 자켓으로 대체되고, 폴리프로필렌 속옷 대신 폴리에스터 소재 LWCWUS(LightWeight Cold Weather Underwear Set)가 도입되는 등 개량되었다.

2 개인 장비

2-1 IIFS

1980년대 말에는 기존 ALICE를 대체하기 위한 IIFS (Individual Integrated Fighting System) 단독군장 체계가 도입되었다. IIFS는 조끼류 단독군장인 TLBV(Tactical Load Bearing Vest)와 대형 럭색인 FPLIF, 그리고 혹한기 침낭 시스템으로 구성된 신형 개인장비 시스템이다.

TLBV는 ALICE의 벨트 등 구성요소와 혼합해 사용해 서스펜더를 대체하는 용도였으며 탄창 파우치 4개와 수류탄 파우치 2개가 부착되었다. FPLIF는 프레임 내장형 대형 럭색으로 ALICE 대형 럭색을 대체하는 용도였으며 럭색 상부의 소형 패트롤 팩을 탈부착할 수 있어 상황에 맞게 사용할 가능한 것이 특징이었다. 하지만 TLBV는 통풍과 무게 배분, 탄창 파우치의 배치에서 혹평받았고 FPLIF는 내구성이 문제가 되었다. 이 때문에 TLBV는 E-TLBV로 개량되어야 했고, FPLIF는 ALICE 럭색을 제대로 대체하지 못했다. 이렇듯 IIFS가 신형장비로써 그다지 성공적이지 못했기 때문에, ALICE는 1990년대 말에 가서야 신형 장비로 교체될 수 있었다.

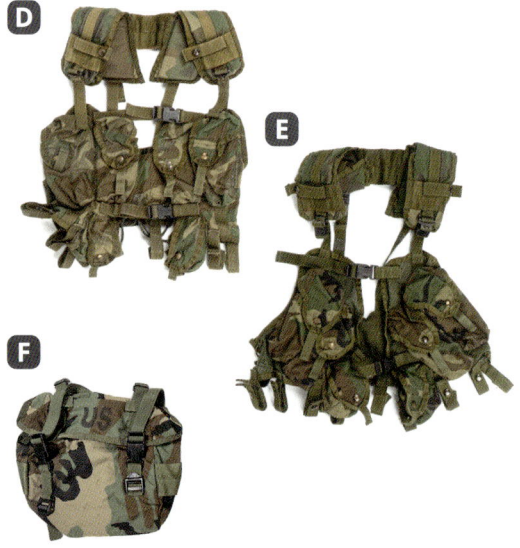

Equipment & Firearms

2-2 방호장비

PASGT 헬멧과 바디아머는 여전히 미 육군 정규군에서 널리 사용되었다. 하지만 전장 환경이 냉전의 정규전에서 저강도 분쟁으로 변하면서 근거리 소화기 공격을 방호의 필요성이 커졌으며, 이를 위해 기존에는 헬기 승무원 등에만 지급되던 소총탄을 완벽하게 막을 수 있는 세라믹 방탄판이 보병용 방탄복에도 도입되었다. 미 육군에서는 케블러 내장재에 세라믹 플레이트를 삽입할 수 있는 RBA(레인저 바디아머)를 시작으로 RBA처럼 PASGT 방탄판에 세라믹 방탄판을 추가할 수 있는 ISAPO(Interim Small Arms Protection Overvest)가 평화유지임무 등에 소량 사용되기도 했다. 하지만 아직도 고체 방탄판은 특수전 부대나 분쟁지역 파병부대를 위한 것이었고, 세라믹 방탄판이 삽입되는 본격적인 정규군용 방탄복은 1990년 말부터야 도입되었고 2000년대에야 보편화된다.

때문에 RBA는 2000년대 초 까지 본래 용도인 75레인저연대 외에도 미 육군 평화유지군 임무를 위해 자주 지급되었다.

3 무기

M16A2 소총이 여전히 미 육군과 해병대 정규군의 제식소총이었지만, 1999년 코소보 평화유지군 파병부대부터는 M16A2 소총의 길이를 단축한 M4 카빈이 미 육군 파병부대에 일부 지급되기 시작했다. 동시에 1990년대부터 특수부대를 중심으로 사용되던 20mm 피카티니 레일이 M4 카빈과 함께 도입되기 시작했고, 광학 조준경, 전술 라이트, 적외선 표적지시기 등 다양한 부착물이 적은 양이나마 사용되기 시작했다.

한편 1996년 미 육군은 이미 70년대부터 차량 탑재용으로 사용되고 있던 벨기에 FN社의 FN/MAG 기관총을 M240B 중형기관총으로 도입해 기존 소대 지원화기로 사용되던 M60 중형기관총을 대체했다.

(A) DCU 상·하의 / (B) 데저트 부츠 / (C) 2세대 ECWCS 파카와 내피 / (D) TLBV / (E) E-TLBV / (F) IIFS 트레이닝 백 / (G) RBA / (H) M4 카빈 / (I) M240B 중형기관총

1991 Operation Desert Storm

Specialist (특기병)
유탄발사기 사수

187연대

013 156

1991
사막의 폭풍 작전

배경

1991년 2월부터 미국과 다국적군은 이라크로부터 쿠웨이트를 해방하기 위한 사막의 폭풍 작전을 개시했다. 며칠간의 미사일과 공중폭격 이후 2월 24일부터는 본격적인 지상 작전이 개시되었으며, 다국적군은 대규모 부대를 쿠웨이트 서쪽 깊숙이 기동시켜 쿠웨이트에 주둔하던 이라크군을 포위해 순식간에 공화국 수비대를 비롯한 이라크군의 주력을 궤멸시켰다.

101공수사단을 포함한 18공수군단은 서쪽을 우회해 이라크군을 포위 기동하는 다국적군 기갑/기계화부대의 측면을 엄호하는 동시에 적의 퇴로와 보급로를 차단하는 임무를 맡았다. 3여단전투단 187연대 1대대는 연대 창설 48주년에 적진 후방 250km에 공중강습, 역사상 최장 거리 공중 강습 기록을 세우며 적의 퇴로이자 보급로인 8번 고속도로를 차단해 다국적군의 승리에 기여했다.

187연대 1대대
이라크

장비

전선 깊숙이 침투해야 하는 공중강습부대는 공수부대와 마찬가지로 적진에서 장기간 작전을 수행해야 하므로 방탄 장비와 단독군장은 물론 대형 럭색과 탄약, 식량, 침구 등 장기 작전용 장비들을 휴대해야 했다. 걸프전의 경우 사담 후세인의 이라크가 이미 이란-이라크 전쟁에서 화학 공격을 했던 전력이 있어 화학 공격이 예상되었기 때문에 여기에 방독면, 보호의 등의 화생방 장비까지 휴대해야 했다.

DBDU를 비롯한 사막색 장비가 보급되긴 했지만, 단기간에 수십만의 미군을 무장시키기에는 부족해서 의복 외에 PASGT 바디아머에 씌우는 위장 커버나 데저트 부츠 등은 보급받지 못하는 경우가 많았다.

1. 1986년 미 육군에 도입된 1회용 대전차 로켓 M136을 휴대하고 있다.
2. ALICE 럭색에 씌우는 사막6색 패턴 커버도 보급되었다.

Operation Desert storm

3 엄청난 양의 군장을 결속한 ALICE 대형 럭색에는 로프를 사용해 럭색 외부에까지 장비를 결속했다.

4 사막 전투용 데저트 부츠는 개발되어 있었지만, 보급 및 생산량 문제로 가죽 부츠가 다수 사용되었으며 특히 통풍이 잘되는 정글 부츠가 인기있었다.

Iraq

5 주둔지에 완전무장을 해제한뒤 부니햇 등 가벼운 군장으로 작전을 수행하기도 했다.

6 M-1956 단독군장의 구성품이 아직까지 사용되는 경우도 많았다.

Operation Desert storm

A1	DBDU 상·하의
A2	필드 워치
A3	정글 부츠
B1	M136 대전차 로켓
B2	M16A1 소총과 M203 유탄발사기
B3	검정 소총 슬링
C1	PASGT 헬멧과 헬멧 커버
D1	40mm 유탄 베스트
D2	PASGT 바디아머
D3	M17A2 방독면
D4	M9 대검 집과 대검
E	ALICE 단독군장
E1	ALICE 피스톨 벨트
E2	M-1956 서스펜더
E3	ALICE 탄창 파우치
E4	ALICE 붕대/나침반 파우치
E5	ALICE 수통 세트
E6	M-1956 필드 팩
E7	개인 제독 키트
F1	ALICE 대형 럭색
F2	나이트 카모 파카
F3	ECWCS 침낭
F4	화생방 보호의
F5	화생방장비 수납낭
F6	2쿼터 수통 세트

Operation Desert storm

1995 　　　Haiti Peacekeeping

Sergeant (병장)
분대장

327연대

014　　　　　　　　　　　　164

1995
아이티 평화유지군

327연대 1대대
아이티

배경

1994년 미국은 UN 안보리 결의안에 따라 '민주주의 수호 작전(Operation Uphold Democracy)'을 개시해 아이티의 쿠데타 군사정권을 무너뜨리고 민주주의 정권을 복권한다. 1995년 3월 공식적으로 작전이 종료된 이후 UN 아이티 대표부와 UN 평화유지군이 그간 미군이 수행하던 아이티 안정화 임무를 이어받았다. 하지만 UN 평화유지군의 대부분은 여전히 미군이었으며, 미군 지휘관이 UN 평화유지군 사령관을 겸하기도 했다. 101공수사단 1여단은 이 시기 아이티에 파병되었던 수많은 미군 부대 중 하나였다.

장비

아이티에 파병된 대원들은 PASGT 헬멧과 ALICE 단독군장 등 당대 미 육군 보병의 일반적인 장비를 착용했으며, 여기에 UN 평화유지군의 상징인 푸른색 헬멧 커버와 UN 평화유지군 휘장을 사용했다. 평화유지군 파병 부대는 평화유지군 파병시에 소화기 사격 방호를 위한 방탄판이 삽입되는 방탄복들을 임시로 지급받곤 했는데 주로 RBA를 보급받았다.

이 외에도 헬멧에 거치할 수 있는 신형 AN/PVS-7B 야간투시경과 헬멧 마운트가 확인된다.

사진 출처 : Don Pratt Museum

1 UN 평화유지군을 상징하는 푸른색 헬멧 커버.   2 UN 평화유지군 마크.

Haiti Peacekeeper

3 초기형 RBA는 등에 방탄판이 삽입되지 않았고, 실전에서 후방 방호 문제가 지적되어 이후 버전부터는 방탄판 포켓이 부착되었다.

Haiti 1995

4 AN/PVS-7B 야간투시경은 전용 헬멧 마운트를 사용해 헬멧에 거치해 사용 가능했다.

Haiti Peacekeeping

5 간이 수갑용으로 준비해둔 플라스틱 케이블 타이.
현재도 널리 사용되는 방식이다.

A1	BDU 상·하의
A2	필드워치
A3	검정 가죽 부츠
B1	M16A2 소총
B2	검정 소총 슬링
C1	PASGT 헬멧과 UN 헬멧 커버
C2	AN/PVS-7B 헬멧 마운트
C3	AN/PVS-7B 야간투시경
D1	RBA
E	ALICE 단독군장
E1	ALICE 피스톨 벨트
E2	ALICE 벨트 연장 버클
E3	ALICE 서스펜더
E4	ALICE 붕대/나침반 파우치
E5	ALICE 탄창 파우치
E6	ALICE 수통 세트
E7	ALICE 트레이닝 백
E8	M9 대검 집과 대검
E9	플라스틱 간이 수갑
E10	전피 장갑과 캐러비나
E11	맥라이트 (Maglite, 개인 구매)

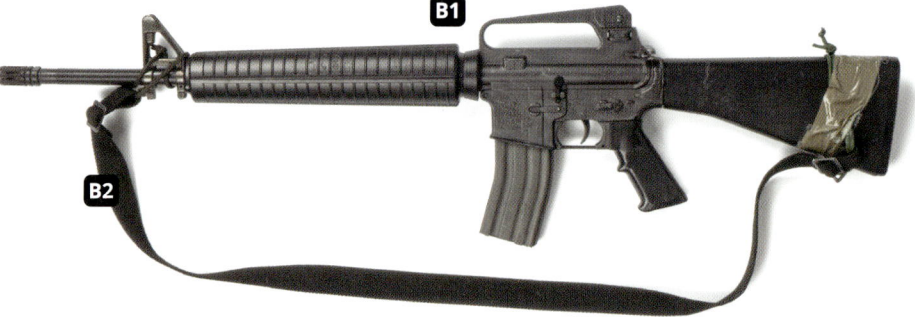

Haiti Peacekeeping

2000 Operation Joint Guardian

Corporal (상병)
화력조장

187연대

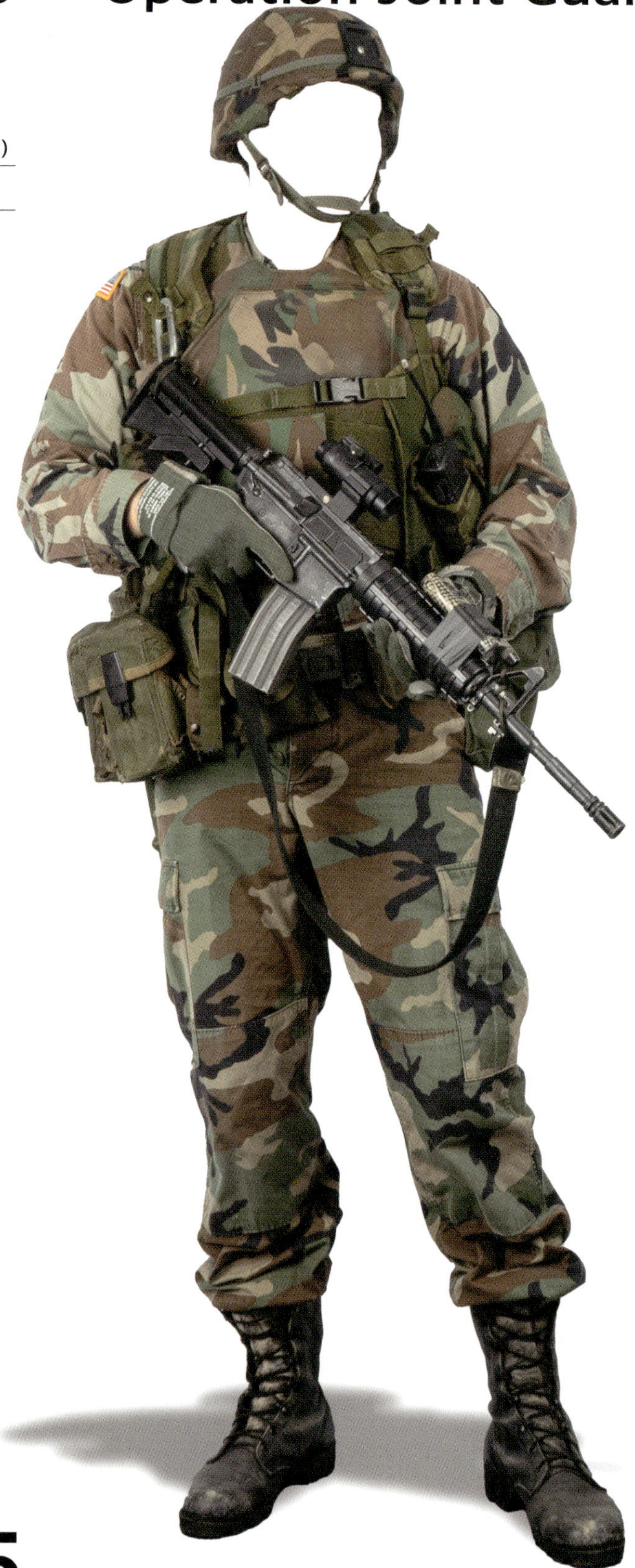

2000
조인트 가디언 작전

배경

1999년 6월, 발칸반도의 구 유고슬라비아에서 코소보의 독립 선언이 계기가 되어 발발했던 코소보 전쟁은 NATO의 개입으로 일단락 되었지만, 코소보는 전쟁으로 인한 민간인 피해와 난민으로 혼란은 물론 세르비아의 위협도 여전했다. 이에 UN은 코소보가 안정화될 때 까지 평화유지군을 파병하기로 하고, UN안보리 결의 1244호에 의거해 NATO 주도의 코소보 평화유지군인 KFOR(Kosovo Force)을 결성했다. KFOR은 1999년 6월부터 코소보에 파견되어 조인트 가디언 작전을 개시, 코소보의 안정과 민간인 보호 임무를 수행했다.

187연대 1대대는 조인트 가디언 작전을 지원하는 TF(태스크포스)팔콘 소속으로 활동했으며, 2000년 2월에 도착해 동년 8월까지 반년간의 임무를 수행한뒤 327연대 2대대와 교대해 본국으로 복귀했다.

187연대 3대대
코소보

장비

1990년대 말은 미군 개인장비가 MOLLE로 변화되기 직전의 시기로, IIFS 단독군장의 TLBV등 기존 장비와 신형 AN/PVS-14 야간투시경과 헬멧 마운트, 소부대 전술 무전기인 솔저 인터컴 무전기, 그리고 피카티니 레일을 이용한 총기 부착물 등 신형 장비들이 혼합되어 사용되고 있었다. 187연대 3대대 역시 파병부대용으로 RBA를 지급받아 사용했으나, 187연대 3대대의 교대 이후에는 신형 OTV의 사용이 확인된다.

특수부대의 전유물이었던 M16 계열 단축 소총인 M4/M4A1 카빈이 코소보 파병을 계기로 정규군에도 일부 보급되었으며, 이후 공수부대를 시작으로 2000년대 초부터는 전군의 제식 소총으로 자리 잡게 되었다.

1 1990년대 말 미 육군은 아이콤社의 상용 무전기를 소부대 전술 무전기로 도입했다.

2 M4A1카빈 소총에는 광학 조준경, 적외선 표적지시기 등 각종 광학장비가 부착되어 있다. 하지만 아직은 정규군에는 광학장비가 널리 보급되진 못했다.

Operaiton Joint Guardian

3 등 뒤에 방탄판 포켓이 추가된 것이 2세대 RBA의 특징이다.

4　1990년대 말에 도입된 신형 단안식 AN/PVS-14 야간투시경이 보급된 것을 확인할 수 있다. 야간투시경이 분실되는 것을 막기 위해 끈을 연결해 두었다.

5　기동 간, 또는 사격 중 반동으로 적외선 표적지시기가 탈거되는것을 막기 위해 테이프로 고정해 두었다.

Operaiton Joint Guardian

A1	BDU 상·하의
A2	시계 (G-shock, 개인 구매)
A3	노맥스 조종사 장갑
A4	검정 가죽 부츠
B1	M4A1 카빈
B2	AN/PAQ-4C 적외선 표적지시기
B3	광학 조준경 (Aimpoint M)
B4	검정 소총 슬링
C1	PASGT 헬멧과 우드랜드 헬멧 커버
C2	AN/PVS-7,14 헬멧 마운트 브라켓
D1	2세대 RBA
E	IIFS 단독군장
E1	E-TLBV
E2	ALICE 피스톨 벨트
E3	ALICE 구급대 파우치
E4	ALICE M249 탄통 파우치
E5	ALICE 탄창 파우치
E6	ALICE 수통 세트
E7	AN/PVS-14 파우치
E8	M9 대검 집과 대검
E9	캐러비나
E10	ICOM-FS3 무전기

Operaiton Joint Guardian

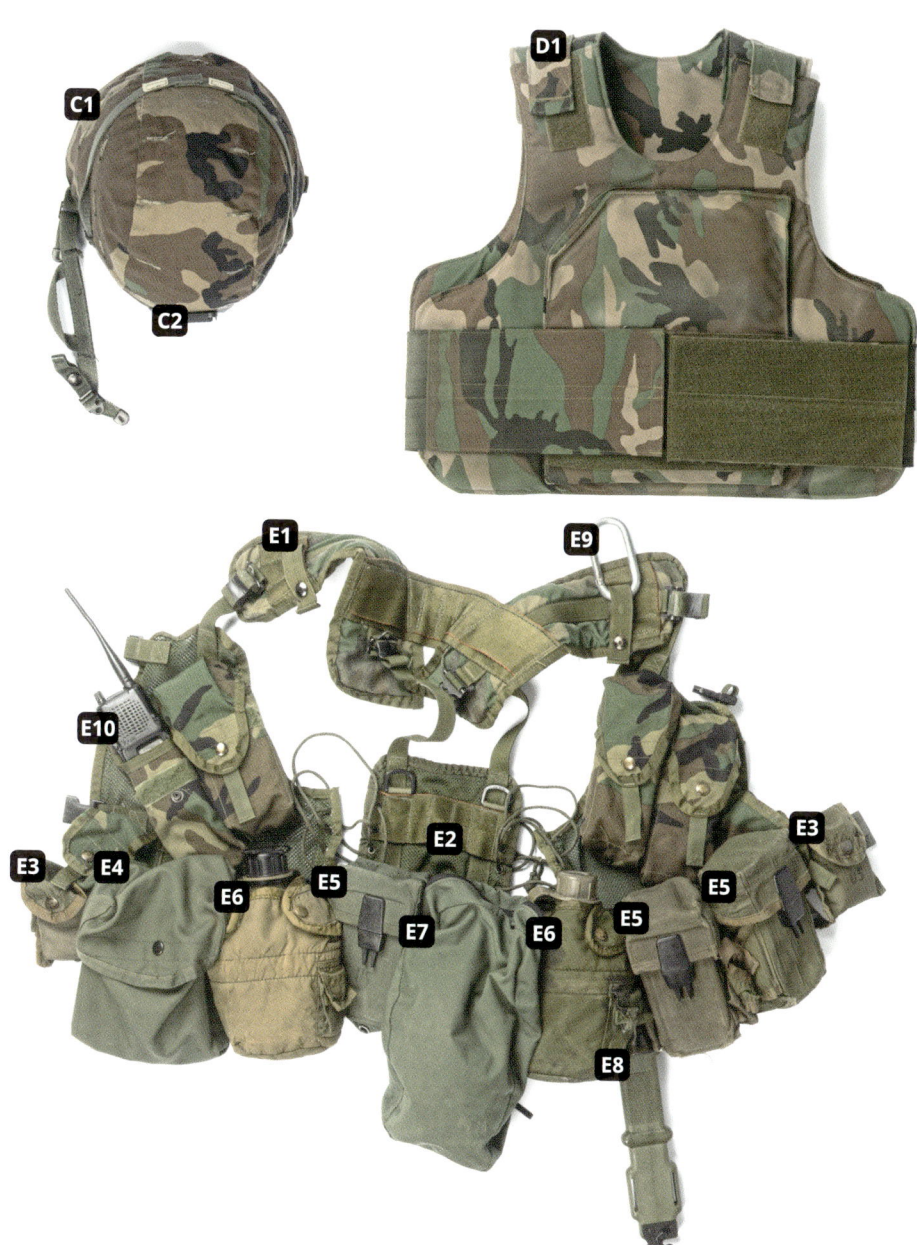

테러와의 전쟁
2000~2010년대

역사와 편제 　　　　　　　　　　　　　182
장비와 무기 　　　　　　　　　　　　　186

016　　2002년　　아나콘다 작전　　　　　　190
017　　2003년　　이라크 자유 작전　　　　　198
018　　2006년　　라마디 전투　　　　　　　206
막간4　2008년　　이라크 파병 후반　　　　　214
019　　2010년　　드래곤 스트라이크 작전　　216
막간5　2010년　　아프간의 3여단전투단　　　224
020　　2011년　　발라왈라 칼라이 계곡 전투　226

05

역사와 편제
2000~2010년대

911테러와 테러와의 전쟁
2001년 9월 11일, 오사마 빈 라덴이 이끄는 테러 조직 알카에다는 납치한 미국 여객기로 세계 무역센터와 펜타곤에 자살 테러를 벌인다. 충격과 혼란, 분노 속에 2001년 9월 14일 미 의회는 테러리스트 및 지원/비호세력에게 군사력 사용을 허용하는 결의안을 통과시켰으며, 9월 20일 조지 W. 부시 대통령은 이를 '테러와의 전쟁'으로 명명했다.

항구적 자유작전과 이라크 자유 작전
테러와의 전쟁의 첫 번째 타깃은 오사마 빈 라덴과 알카에다의 신병 인도를 거부한 탈레반 정권의 아프가니스탄이었다. 2001년 10월 공중폭격과 함께 아프간을 침공한 미군은 비록 오사마 빈 라덴과 탈레반의 완전한 제거에는 실패했지만 불과 한 달여 만에 탈레반 정권을 축출하고 아프가니스탄에 신정부를 수립했다. 이어 미군은 이라크의 사담 후세인 정권이 대량살상 무기를 보유했다는 정보를 바탕으로 이라크를 침공, 이라크 전역을 점령하고 사담 후세인을 체포해 처형했다.

이렇듯 초반 정규전에서는 손쉽게 승리한 미군이었지만, 점령 이후 대게릴라전에 대한 이해 부족과 현지 사정에 어두운 민사작전으로 현지 민심을 잃기 시작했으며, 여기에 더해 2002년 말부터 세력을 회복한 탈레반/알카에다 그리고 사담 후세인의 남은 추종자들이 미군에 저항하기 시작하며 아프가니스탄/이라크 전쟁은 점점 수렁으로 빠져들게 되었다.

계속되는 혼란과 이라크 철군
특히 이라크의 정세는 점차 악화했다. 시위와 폭력 사태는 갈수록 확대되었으며, 외세에 대한 반대는 물론 수니·시아파 종파 간 갈등까지 확대되며 이라크는 테러와 총격으로 매일 수십~수백 명이 사상하는 혼란 속에 빠졌다. 2006년 수립된 이라크 신정부는 이런 혼란을 수습할만한 능력과 카리스마가 없었고, 결국 미군은 2007년경부터 병력을 증강해 일시적으로 정국을 안정시켜야 했다. 하지만 이미 미국은 출구전략을 찾고 있었고, 이후 점차 병력을 감축하던 미국은 2009년 버락 오바마 대통령의 당선과 함께 이라크에서 완전 철군을 단행, 2011년까지 모든 미군이 이라크에서 철수한다.

한편 이라크에서 미군 감축이 진행되던 2009년 아프가니스탄에서는 탈레반과 알카에다의 섬멸을 목표로 50,000여 명의 미군이 증파되었으며, 동시에 아프가니스탄 군경 30만여 명을 훈련해 향후 안보를 완전히 위임할 계획을 발표한다. 2009~2010년간 진행된 미군과 국제 안보연합군의 공세 이후 미국은 2016년까지 아프가니스탄 주둔 병력의 완전 철수를 계획하지만, 예정된 철수 동안에도 전황은 점점 악화했고, 여기에 아프가니스탄 정부 군경의 무능이 더해져 미군은 완전 철수를 보류해 2016년 이후에도 13,000여 명의 병력이 잔류하게 되었다.

101공수사단의 전쟁
101공수사단은 3여단 187연대 1대대가 2001년 10월 아프가니스탄에 파병됨으로써 아프가니스탄 전쟁에 최초로 파병된 정규군 부대가 되었다. 187연대 1, 2대대는 2002년 아나콘다 작전에서 TF 라카산을 결성해 활약했다. 2003년 미국의 이라크 침공에는 101공수사단 전체가 참여했으며, 주공인 3보병사단이 진격하며 우회한 적들을 소탕하며 바그다드 공격을 보조했다. 바그다드 함락 이후인 2003년 7월에는 101공수사단 3연대 병력이 미 육군 특수부대원들과 함께 사담 후세인의 두 아들을 사살하기도 했다.

2004년 휴식과 재편성을 위해 본국으로 복귀한 101공수사단은 육군 모듈화 개혁안에 따라 여단 전투단(BCT)으로의 재편을 거쳐 2005년 여름, 다시 이라크에 파병되었다. 사단은 2001년 드라마화된 101공수사단 주연 동명의 드라마 '밴드오브 브라더스(Band of Brothers, 2001)'의 이름을 딴 태스크포스를 결성해 이라크 중북부에서 현지 안정화 작전을 수행했다. 이후 2008년부터는 본부대대와 항공연대를 시작으로 아프간 재파병을 시작했고, 2010년 이후부터는 아프가니스탄에 사단 전체가 파병되었다.

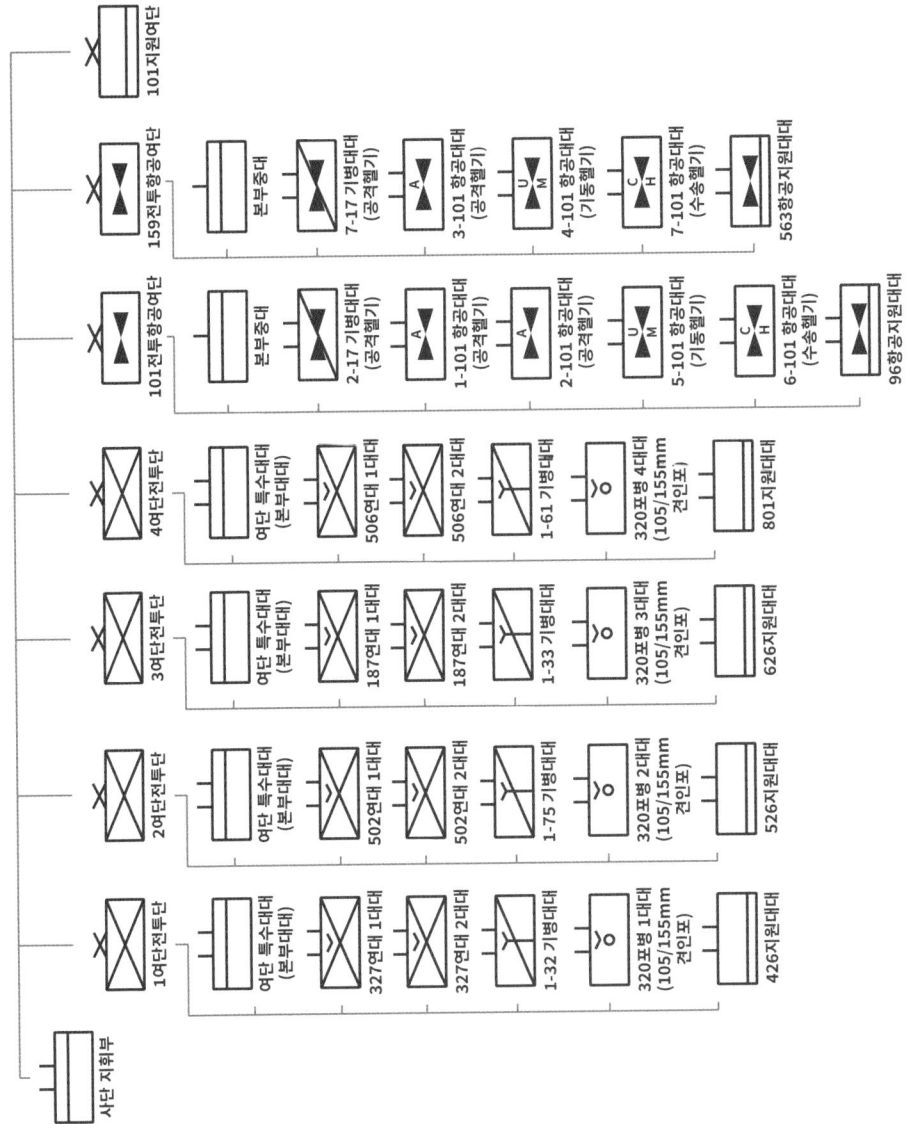

101공수사단 (공중강습)
2005

2004년 9월 육군 모듈화 개혁안에 따라 101공수사단에서도 편제 개편이 진행되었다. 각 여단은 이제 여단전투단(Brigade Combat Team)으로 편성되어 각각 포병과 지원제대, 정찰을 위한 기병대대들이 포함되어 독립적인 작전을 수행할 수 있게 되었다. 여기에 테러와의 전쟁으로 늘어난 병력 소요에 의해 1984년 비활성화된 뒤 2보병사단에서 재활성화되었던 506연대의 전통을 계승한 4여단전투단을 추가로 편제했다.

장비와 무기
2000년대~2010년대

초기 점령 단계 이후의 아프가니스탄/이라크 전쟁은 소모적인 소부대 보병 전투 위주의 대게릴라전으로 진행되었다. 시가지 총격전과 급조폭발물은 미군 보병의 피해를 강요했으며, 이러한 상황에서 보병 장비의 개선은 그 어느 때보다 빠르게 진행될 수밖에 없었다.

1 전투 의복

1-1 UCP의 채용

2000년대 초중반까지 BDU와 DCU로 이원화된 전투복을 사용하던 미 육군은 차세대 전투복으로는 전 세계 어느 환경에서도 사용할 수 있는 범용 전투복을 도입하고자 했다. 2004년 채택된 UCP(Universal Camouflague Pattern)는 캐나다군과 미해병대에서 효용성을 입증한 디지털 픽셀 방식에 전 세계 지형의 평균 색상을 적용한 회색 조의 범용 위장무늬였다. 미 육군은 1년뒤부터 UCP를 적용한 차세대 전투복 ACU(Army Comabt Uniform)로 BDU와 DCU를 대체했다. 사선으로 배치된 상의 상단 주머니와 하단주머니의 삭제, 양 팔뚝의 주머니 등 당시부터 당연시된 방탄복 착용에 최적화된 디자인은 물론, 여밈과 부착물 부착에 벨크로, 지퍼를 사용한 선진적인 전투복이었다. ACU의 도입으로 기존 검정 가죽 부츠와 사막 부츠도 베이지색 스웨이드 재질의 ACB(Army Comabt Boots)로 대체되었으며 하절기용, 온대기후용, 동계용의 3가지 종류가 지급되었다.

이라크/아프간전이 진행되며 인명피해가 급증한 미군은 폭발과 총상으로 인한 화상피해를 최소화 하기 위해 전투지 투입 병력에게 난연소재의 FR-ACU 및 내의를 지급한다. 2007년경부터는 몸통 부분에 통기성 있는 기능성 소재를 사용해 방탄복 착용시 열 피로를 줄여주는 방염 컴뱃 셔츠 ACS(Army Combat Shirts)를 도입한다.

1-2 아프가니스탄과 멀티캠

사실 UCP는 현장평가는커녕 제대로 된 평가도 거치지 않고 졸속으로 채용된 위장무늬였으며 회색 조의 위장무늬는 아주 제한된 지형에서만 위장력을 발휘했다. 미 육군은 결국 UCP의 한계를 인정하고 2009년 당시 격화되던 아프가니스탄 파병부대에 새로운 위장무늬를 도입하기로 한다. 테스트 결과 2004년 UCP의 선정시부터 좋은 평가를 받았던 Crye Precision 社의 멀티캠이 OCP(Operation enduring freedom Camo Pattern)로 채택되었으며, 의복과 장비에 적용되어 2010년 후반부터 아프가니스탄 파병부대에 지급되었다. 2011년경부터는 Crye Precision 社의 설계를 활용한 방염 컴뱃 팬츠 ACP(Army Combat Pants)도 아프가니스탄 파병부대에 지급되며, 비슷한 시기에는 아프가니스탄의 험한 산악지역에서 사용하기 위한 산악 전투화 연구가 2010년경부터 시작되어 시중의 트래킹화를 선정해 개량한 MCB(Mountain Combat Boots)기 아프가니스탄 파병부대에 지급된다.

1-3 3세대 ECWCS

2000년대 들어 ECWCS는 2000년대 초 개발된 특수전부대용 의복 체계 PCU(Protective Combat Uniform)의 영향을 받아 크게 개선되었다. 새로운 3세대 ECWCS는 단순히 기온에 맞춰 레이어를 껴입던 기존의 방식 대신, 레이어 시스템을 통해 플리스 자켓, 바람막이, 소프트/하드쉘, 프리마로프트 패딩 등 현대적인 의복으로 구성된 7개의 레이어를 환경과 작전 상황에 따라 조합해 착용하도록 설계되었다. 3세대 ECWCS의 보급은 2007년경부터 시작되었으며 현재도 패턴만 변경된 채 사용되고 있다.

Equipment & Firearms

2 개인 장비

2-1 MOLLE와 PALS

1997년 미군은 신형 단독군장 체계 MOLLE를 개발한다. MOLLE는 1인치 두께의 웨빙을 엮어 부착물을 자유롭게 탈부착 할 수 있게 해주는 PALS(Pouch Attachment Ladder System)를 통해 이전의 어떤 시스템보다 월등한 모듈화가 특징이었다. 1998년경부터는 권총탄을 방호할 수 있는 소프트아머가 포함된 OTV(Outer Tactical Vest)에 소총탄까지 방어할 수 있는 세라믹 방탄판 SAPI(Small Arms Portection Insert)를 삽입하는 구성의 신형 방탄복 IBA(Interceptor Body Armor) 시스템이 도입된다. OTV에는 PALS가 적용되어 있어 MOLLE와 호환이 가능했으며 SAPI와 조합시에는 PASGT와 ISAPO의 조합보다 가벼운 무게로 더 나은 방호력을 제공했다.

미군은 MOLLE와 OTV를 통해 기존 기어 키퍼 클립이나 용도별 단독군장을 따로 착용하는 것에 비해 훨씬 융통성 있고 편리한 개인장비 시스템을 구성할 수 있었으며, 전술적 유연성이 극적으로 향상되었다. 이후 MOLLE는 개량을 거치며 현재까지도 주력으로 사용되고 있으며, PALS는 미군뿐 아니라 전 세계 개인장비의 표준 규격으로 자리매김하고 있다.

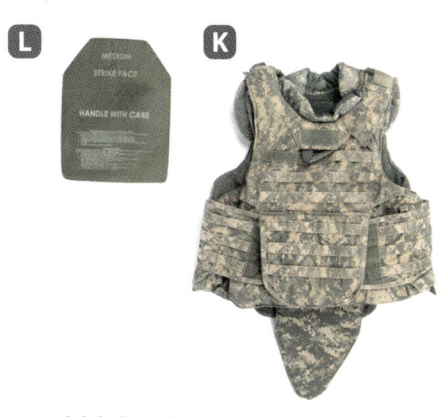

2-2 방호력의 개선

2004년에는 OTV에 겨드랑이와 상박 보호를 추가하는 증가장갑 DAPs(Deltoid & Axillary Protector System)가, 2005년부터는 방탄 성능이 향상된 ESAPI 방탄판이 보급되었으며, 2006년 말부터는 여기에 옆구리용 방탄판인 ESBI(Enhanced Side Ballistic Insert) 키트가 추가되었다.

2007년 후반부터는 신형 방탄복 IOTV(Improved Outer Tactical Vest)가 등장한다. IOTV에서는 전통적인 앞섶을 여미는 착용 방식 대신 측면을 여미는 방식이 적용돼 정/측면 방어력이 향상되었으며, 약간의 경량화와 함께 위급상황에서 신속한 탈거를 위한 와이어식 신속 해제 기능이 추가되었다.

2-3 경량화 단독군장

IOTV는 OTV보다 경량화되었음에도 방탄판까지 합쳐 15kg이 넘는 무게로, 산악지대인 아프가니스탄에서 사용하기에는 과도한 중량이었다. 이에 미 육군은 전신을 감싸는 바디아머 형태 대신 주요 부위만 방탄판으로 방호하는 플레이트 캐리어 형태의 장비를 도입하기로 결정해 2009년부터는 KDH社의 Magnum TAC-1 플레이트 캐리어를 SPCS(Soldier Plate Carries System)라는 명칭으로 도입했다. SPCS는 아프가니스탄 파병 전투병에만 지급되었으며 비전투 병력이나 타지역 주둔 병력은 여전히 IOTV를 착용했다.

2011년경부터는 기존의 FLC를 대체하는 TAP(Tactical Assault Panel)이 등장하는데, TAP은 탄창 파우치가 내장된 체스트 리그 형태의 장비로 IOTV와 SPCS에 버클로 간단하게 결합 및 해제가 가능하고 단독사용도 가능해 이전보다 전술적 유연성이 향상되었다.

(A) UCP ACU 상·하의 / (B) OCP ACS / (C) 온대기후용 ACB / (D) 하계용 MCB / (E) OCP ACP / (F) 3세대 ECWCS 레이어6 파카와 레이어 자켓 / (G) OTV / (H) SAPI / (I) MOLLE1 FLC / (J) MOLLE2 파우치들 / (K) 1세대 IOTV / (L) E-SAPI / (M) OCP SPCS / (N) UCP TAP

2-4 방탄헬멧

이라크전 초까지 제식 헬멧이던 PASGT 헬멧은 방호력 문제로 2003년부터는 ACH(Advanced Combat Helmet)로 대체된다. ACH는 기존 특수전부대용인 TC2000 헬멧을 채택한 것으로, 통신기기와 야간투시장비 사용에 적합한 간략화된 쉘 형태에 착용감과 방호력 향상에 도움을 주는 4점식 턱끈과 메모리폼 내장재가 적용되었다. 헬멧 자체 방호력도 향상되어 9mm 권총탄을 확실히 방호할 수 있었다.

2010년대 초에는 방호력이 향상된 폴리프로필렌 재질 헬멧 ECH(Enhanced Combat Helmet)가 등장한다. ECH는 ACH와 외형은 거의 같았지만, 더 두껍고 무거웠다. ECH는 ACH를 완전히 대체하진 못했지만 101공수사단 등 일부 부대에 병행 지급되었다.

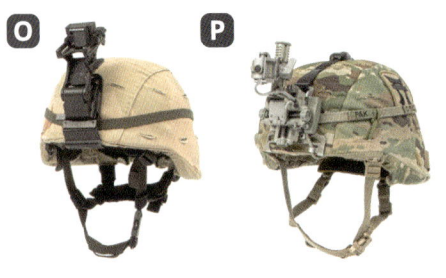

3 무기

3-1 피카티니 레일의 시대

M4/M4A1 카빈은 테러와의 전쟁 초반 M16A2 소총을 대체해 미 육군의 제식소총으로 채택되었다. M4/M4A1 카빈에는 총몸 상부 뿐 아니라 총열 덮개 4방향에 피카티니 레일을 부착한 RAS(Rail Adaptor System)가 적용되어 다양한 부착물을 자유롭게 사용할 수 있었다. 90년대 말부터야 정규군에서 본격적으로 사용된 피카티니 레일 기반 총기 부착물은 테러와의 전쟁을 통해 보병 장비에 대한 관심이 증대되며 필수품이 되어 갔다. 미 육군 보병은 기본적으로 광학 조준경과 웨폰 라이트, 적외선 표적지시기를 지급받았으며, 개인의 필요에 따라 시중의 다양한 부착물을 구매해 사용하기도 했다. 미군은 돌격소총은 물론 M249, M240 기관총 등 지원화기와 공용화기에도 각종 부착물을 사용했으며 이를 통해 보병 전투력이 비약적으로 향상되었다.

2009년부터 미 육군은 기존 M203 유탄발사기를 대체하기 위해 H&K의 M320/A1 유탄발사기를 새롭게 도입했다. M320 유탄발사기는 M203과 달리 탄 삽입구가 측면으로 개방되어 다양한 종류의 유탄을 제약 없이 사용할 수 있었으며, 총기에 부착해 사용은 물론 손쉽게 단독 사용으로도 전환 가능한 등 다양한 장점이 있었다. M203은 2023년 현재도 여전히 많은 수가 일선에서 사용 중이지만 최종적으로는 M320A1으로 대체될 예정이다

3-2 지정 사수

지정 사수(Designated Marksman)는 보병 소부대 내에서 정밀 사격을 지원하는 중장거리 병력으로, 300m 이내의 일반 전투 병력의 교전 거리와 600m 이상의 저격수의 교전 거리의 사각지대를 보완하는 역할을 맡는다. 미 육군은 아프가니스탄/이라크 전쟁을 거치며 분대 지정 사수의 필요성과 효율성을 체감했고, 이라크전쟁 초기부터 분대 지정 사수를 운용하기 시작했다. 분대 지정 사수는 저격수처럼 전문 저격총을 보급받지는 않지만, 고배율 조준경과 보병용 자동/반자동 소총으로 무장하고 보병분대를 직접 지원하는 역할을 맡는다. 초기에는 M4/16 계열 소총을 개량해 사용하거나 보관되어있던 구형 M14 소총을 사용했으며, 2008년경부터는 피카티니 레일과 접이식 개머리판 등 현대화 개수된 M14 EBR(Enhanced Battle Rifle) 소총이 사용되었다. 그 외에도 미 육군의 신형 저격총으로 채용된 M16 계열의 M110 반자동 저격소총이 일부 사용되었다.

Equipment & Firearms

(O) ACH와 AN/PVS-7,14 헬멧 마운트 / (P) ECH와 ENVG-III 헬멧 마운트 /
(Q) M203 유탄발사기를 장착한 M4A1 카빈 / (R) M249E1 경기관총 /
(S) M240B 중형기관총 / (T) M320A1 유탄발사기 / (U) EBR EMR

2002　　Operation Anaconda

Specialist (특기병)
분대지원화기 사수

3여단
(187연대)

016

2002년
아나콘다 작전

187연대 1대대
아프가니스탄, 샤이콧 계곡

배경

항구적 자유작전 개시 후 한달여만에 아프가니스탄을 점령한 미군은 그해 12월에 주요 목표인 빈라덴의 체포에 실패한 이후에도 탈레반과 알카에다 잔당을 소탕하기 위한 군사 작전을 계속했다. 2002년 3월 아프가니스탄 동부 샤이콧 계곡에서 개시된 아나콘다 작전은 아프가니스탄에서 최초로 정규군 부대가 동원된 군사 작전이었다. 하지만 아프간 민병대로 구성된 주공 부대가 미공군의 오폭으로 무력화된 것을 시작으로, 101공수사단 등 강습부대가 강습중에 큰 피해를 입는 등 작전중 많은 문제가 발생했고, 미군은 화력우세를 바탕으로 샤이콧 계곡에서 알카에다/탈레반 잔당 다수를 사살하지만 결국 탈레반과 알카에다 잔당의 탈출을 허용하고 만다.

101공수사단 3여단은 아프가니스탄전 발발 초기에 가장 먼저 파병된 미 육군 정규군 부대였다. 3여단의 1,2대대가 아나콘다 작전에 참여했으며, 이중 1대대의 B,C,D중대가 VAU(부대 용기 표창)를 수여받았다.

장비

아나콘다 작전에 참여한 101공수사단 3여단에는 OTV는 보급되었지만 그 외 MOLLE 단독군장 등 신형 군장이 완전히 보급되지 못해 ALICE와 IIFS 단독군장을 혼합해 사용했는데, 이는 아프간 파병 초기 미 정규군 부대에서 보이는 전형적인 모습이다. 2002년 이후 파병되는 병력에서는 MOLLE 단독군장의 비율이 점차 늘어나 2003년 이라크전 이후에는 대다수가 MOLLE 단독군장을 제대로 장비하게 된다.

여기에 더해 혹한기 장비를 강제하는 아프가니스탄 산악지역 특유의 추운 날씨로 인해 2세대 ECWCS를 비롯한 동계장비의 착용이 다수 확인된다.

1. 멀티툴, 플래시 라이트 등의 소형 장비를 PALS 웨빙이나 TLBV 스트랩 등에 결속해 두었다.
2. M249 경기관총은 헬기 기동에 용이하도록 접이식 개머리판을 결합해 사용되었다.

Operaiton Anaconda

3   ALICE 대형 럭색은 넉넉한 용량과 튼튼함으로
    2000년대까지도 널리 사용되었다.

4　M249 경기관총 200발 플라스틱 탄통 수납을 위한 ALICE 파우치.

5　ALICE 럭색에는 야전삽, 구급 키트, 수통 세트, 자충식 매트와 기관총 총열 가방 등 각종 장비가 결속되어 있다.

Operaiton Anaconda

6 아직 3여단에서 헬멧 휘장이 제정되지 않았지만 대원들은 헬멧 커버에 187연대의 표식을 그려넣곤 했다.

7 우드랜드 ECWCS 파카 하의와 고어텍스 방한 부츠 ICWB(Intermediate Cold/Wet Boots.O)를 착용하고 있다.

Afghanistan 2002

A1	DCU 상·하의
A2	LWCWUS 내의
A3	넥게이터
A4	울 워치캡
A5	시계 (G-shock, 개인 구매)
A6	ECWCS 고어텍스 하의
A7	ICW 방한 부츠
B1	M249 경기관총과 접이식 개머리판
B2	GP 스트랩
C1	PASGT 헬멧과 DCU 헬멧 커버
C2	AN/PVS-7,14 헬멧 마운트
C3	SWDG
D1	OTV
D2	총기 수입용 솔
E	IIFS 단독군장
E1	E-TLBV
E2	ALICE 피스톨 벨트
E3	ALICE 탄창 파우치
E4	ALICE 붕대/나침반 파우치
E5	ALICE M249 탄통 파우치
E6	ALICE 수통 세트
E7	IIFS 트레이닝 백
E8	M9 대검 집과 대검
E9	캐러비나
E10	멀티툴 (Gerber, 개인 구매)
F1	ALICE 대형 럭색
F2	2쿼터 수통 세트
F3	ALICE 구급 키트
F4	ALICE 3단 야전삽
F5	기관총 총열 가방
F6	자충식 매트
F7	하이드레이션 백

Operaiton Anaconda

Afghanistan 2002

2003 Operation Iraq Freedom

Private First Class (일병)

유탄발사기 사수

♣

1여단
(327연대)

017

198

2003
이라크 자유 작전

327연대 3대대
이라크

배경
2003년 3월, 대량살상무기의 제거와 사담 후세인 독재 정권의 타도를 명분으로 미국은 '이라크 자유 작전'을 개시해 이라크를 침공했다. 걸프전과 같이 수일간 공중 폭격이 진행된 뒤 시작된 지상 작전에서 미군은 압도적인 전력으로 한 달도 안 되어 주요 목표였던 이라크의 수도 바그다드를 점령하는 데 성공했다.

101공수사단은 주공인 3보병사단의 신속한 진격 이후 남겨진 적을 처리하는 임무를 수행했다. 101공수사단은 바그다드로 가는 길목 요충지 나자프를 점령했으며, 3여단은 바그다드 남부의 사담 후세인 국제 공항을 점령하는 등 활약했다. 101공수사단은 전후 이라크 북부 모술에 주둔해 안정화 작전을 수행했으며, 2003년 7월 22일에는 327연대 3대대가 TF20의 특수부대와 함께 후세인의 두 아들을 격전 끝에 사살 하기도 했다.

장비
2003년 경 부터 OTV와 MOLLE2 단독군장의 보급이 원활해져 구형 IIFS와 ALICE 단독군장의 사용 빈도가 낮아지기 시작했다. 피카티니 레일을 활용한 총기 부착물의 사용도 보편화되기 시작해 정예 사단 보병들에게는 거의 모두 광학조준경과 적외선 표적지시기, 웨폰 라이트 등의 부착물이 보급되었다.

한편 걸프전과 마찬가지로 이라크의 생화학 공격 우려 때문에 바그다드가 점령되어 사담 후세인 정부가 붕괴하기 전까지 미군은 방독면과 화생방 보호장구를 항상 지참해야 했으며, 대부분의 보병은 아예 화생방 보호의를 착용한 채 전투를 치러야 했다.

1 착용중인 의복은 착용 편의성이 향상된 JSLIST(Joint Service Lightweight Integrated Suit Technology) 화생방 보호의로, 1990년대 말 도입되었다.

1 화생방 보호의의 보급량이 부족했기 때문에 우드랜드 패턴 화생방 보호의가 다수 사용되었다.

Operation Iraq Freedom

2 보급품인 MOLLE2 럭색 대신 개인 구매한 3데이 백팩 등을 부대 단위로 구매해 사용하는 모습이 확인된다.

3 ALICE 럭색을 사용할 때와 같은 위치에 수통세 트를 결속해 두었다.

4 헬멧 커버에 327연대 3대대를 나타내는 헬멧 휘장이 부착되어 있다. 2003년 부터 연대 헬멧 휘장이 본격적으로 사용되기 시작했다.

Operation Iraq Freedom

5 후세인 정권이 붕괴된 이후에는 화생방 보호 장비를 더이상 착용하지 않았다.

6 기동간, 또는 사격중 반동으로 탈거되지 않도록 총기 부착물 등 광학장비를 낙하산 끈 등으로 고정하는것이 필수였다.

A1	DCU 상·하의
A2	시계 (G-shock, 개인 구매)
A3	데저트 부츠
A4	무릎 보호대
A5	리거즈 벨트 (LBT, 개인 구매)
A6	유틸리티 나이프 (콜드스틸, 개인 구매)
B1	M136 대전차 로켓
B2	M4A1 카빈
B3	AN/PEQ-2A 적외선 표적지시기
B4	웨폰 라이트 (Surefire M-951C)
B5	광학 조준경 (Aimpoint M2)
B6	3점 슬링
C1	PASGT 헬멧과 사막3색 헬멧 커버
C2	AN/PVS-7,14 헬멧 마운트
C3	IFF-980 적외선 반사기
C4	방풍 고글
D1	JSLIST 화생방 보호의 상·하의
D2	M40A1 방독면
E1	OTV
E2	MOLLE2 탄창 파우치
E3	MOLLE2 유탄 파우치
E4	MOLLE2 허리색
E5	MOLLE2 수통 세트
E6	ALICE 탄창 파우치
E7	ALICE 수통 세트
E8	AN/PVS-7 파우치
E9	캐러비나
E10	ICOM-FS3 무전기 세트
E11	멀티툴 (Gerber, 개인 구매)
E12	플라스틱 간이 수갑
F1	3데이 백팩 (Blackhawk, 개인 구매)
F2	2쿼터 수통 세트

Operation Iraq Freedom

2006 Battle of Ramadi

Specialist (특기병)

M240B 중형기관총 사수

506연대

018 — 206

2006
라마디 전투

506연대 1대대
이라크, 라마디

배경

2004년 팔루지가 함락된 이후로 라마디는 이라크 저항 세력의 중심지로 급부상했다. 알카에다와 수니파 무장조직은 '이라크 이슬람 국가'를 조직해 이곳을 수도로 선포했으며 도시는 혼란에 빠졌다. 이로 인해 도시를 담당하던 펜실베니아 주 방위군 28보병사단 2여단은 이들 이슬람 무장 조직의 공격에 극심한 피해를 입게 되었다. 이에 미 해군 특수부대 네이비씰 등 특수부대가 포함된 1기갑사단 1여단전투단이 파견되어 28보병사단 2여단과 함께 이슬람 무장세력과의 전투를 시작했으며, 2006년 11월경에는 도시를 수복했다. 하지만 라마디는 2008년까지 전투가 지속된 뒤에야 안정화될 수 있었다.

2005년 101공수사단 내에서 재활성화된 506연대 1대대는, 2005년에는 사단을 떠나 2보병여단에 배속되었고 이후 2006년 11월까지 1기갑사단 1여단전투단에 배속되어 2006년 11월까지 라마디 전투를 치렀다.

장비

101공수사단이 이라크에 재파병되던 2005년경에는 신형 UCP 전투복 도입 이후로, 병사들은 UCP와 장비를 보급받았으나, 당시 대부분의 부대가 그러하듯 UCP 장비의 보급이 완전하지 못해 구형 우드랜드, 사막 3색 패턴 장비를 혼용해 사용했다.

라마디의 치열한 시가전 상황에서, 506연대 1대대는 OTV의 측면 방호를 보강하기 위해 임시로 미해병대의 사이드 SAPI 캐리어를 도입해 사용했다.

1 이제는 광학 조준경이나 적외선 표적지시기 같은 피카티니 레일 기반 부착물은 M240B 중형기관총 같은 중화기에도 당연히 부착하는 것이 되었다.

2 무릎보호대, 권총 홀스터 등 개인 구매 장비의 사용이 흔하게 확인되었다.

Battle of Ramadi

3 측면 방호를 위해 미 해병대의 측면 방호용 사이드 SAPI 방탄판 캐리어를 임시로 도입해 OTV 측면에 결속했다.

4 UCP ACU 도입 초기에는 BDU용 휘장이 한동안 사용되었다.

5 7.62mm 링크 탄약은 단독군장에 수납하기보단 별도의 가방으로 휴대하는 경우가 많았다.

6 별도의 탄창이 없어 빠른 대응이 어려운 M240B 중형기관총의 약점을 보완하기 위해 M240 기관총용 50발 탄통이 도입되었다.

Iraq 2006

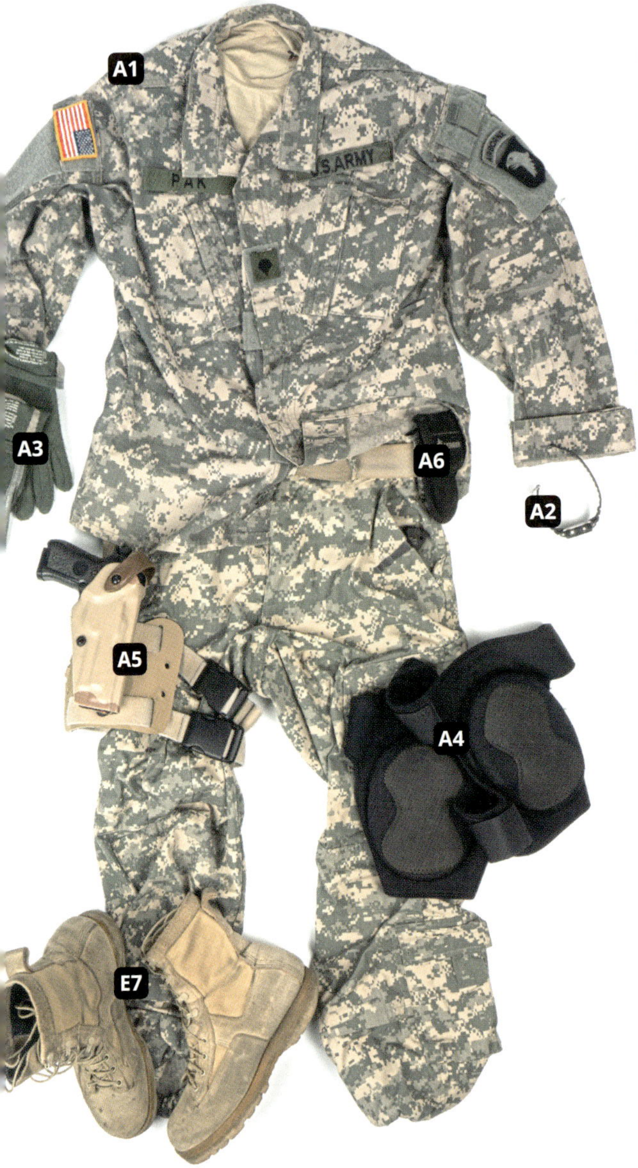

A1	ACU 상·하의
A2	시계 (G-shock, 개인 구매)
A3	조종사 장갑 (LBT, 개인 구매)
A4	무릎 보호대 (Hatch, 개인 구매)
A5	홀스터 (사파리랜드, 개인 구매) 와 M9 권총
A6	멀티툴 (Gerber)
A7	온대기후용 ACB
B1	M240B 중형기관총
B2	M-145 3배율 조준경
B3	M240 기관총 50발 탄통
B4	중화기 슬링
C1	ACH와 UCP 패턴 헬멧 커버
C2	AN/PVS-7,14 헬멧 마운트
C3	방풍 고글 (ESS)
D1	OTV
D2	MOLLE2 UCP 수통 파우치 (링크 탄약 수납)
D3	MOLLE2 IFAK
D4	MOLLE2 DCU 200발 파우치
D5	권총 탄창 파우치 (택티컬 테일러, 개인 구매)
D6	사이드 SAPI 캐리어
D7	하이드레이션백 캐리어 (카멜백, 개인 구매)
E1	MOLLE2 패트롤 팩
E2	7.62mm 200발 탄통

Battle of Ramadi

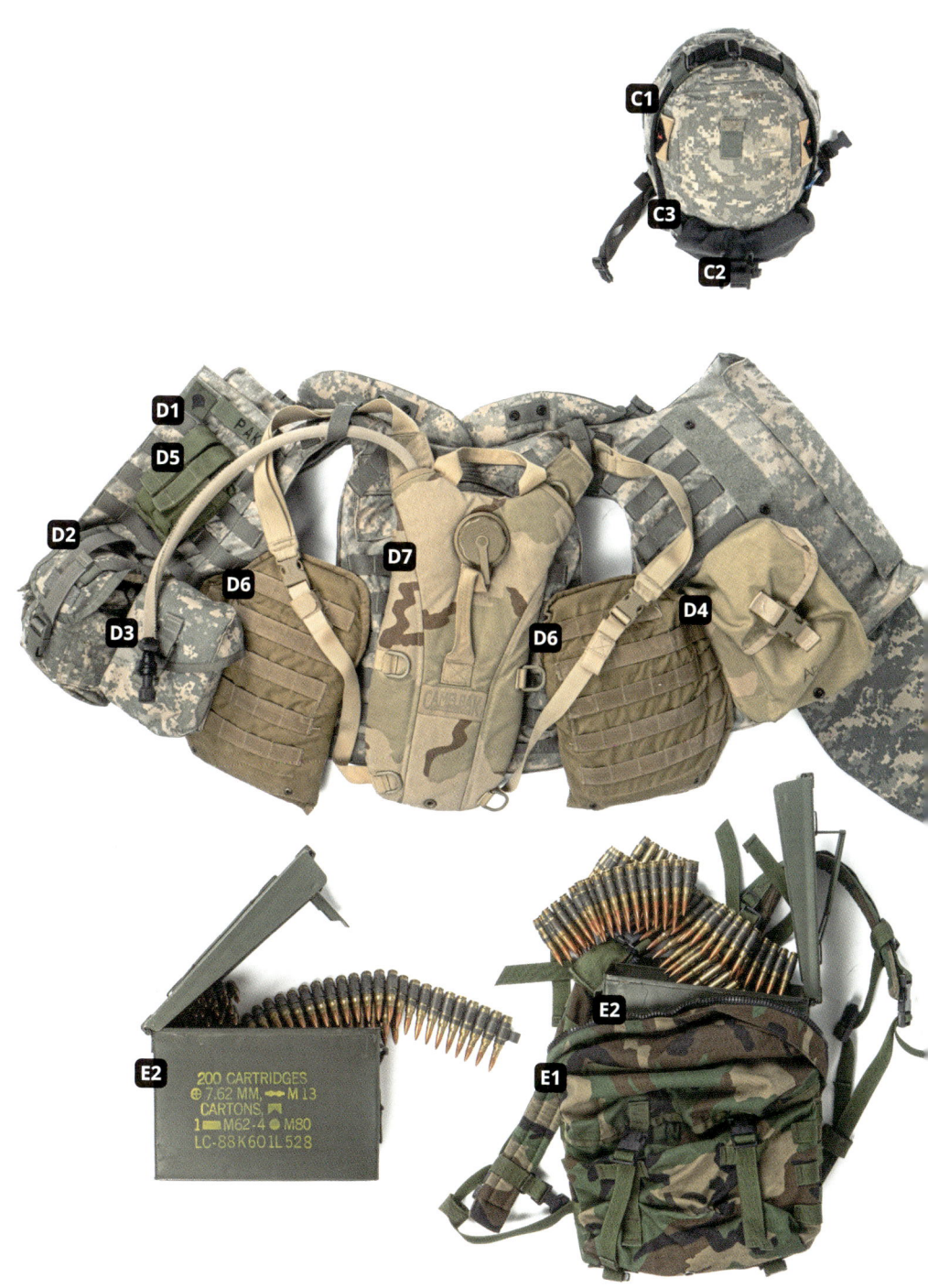

2008

이라크 파병 후반

Sergeant First Class (중사)
소대 선임 부사관

2여단전투단

Interlude 4

배경

101공수사단 1~4여단전투단은 2009년 아프간 파병을 위해 본국으로 철수하기 전까지 이라크에서 지속적으로 치안 유지활동과 이라크 정부군의 교육훈련 임무를 수행했다.

이 대원은 이라크 파병 후반기의 1-75 기병대대 소속이 중사(Sergeant First Class)이다. 2005년 여단전투단 개편에 따라 101공수사단 각 여단전투단에는 기병대대가 편제되었는데, 이들은 기병 병과이지만 강습보병 교육을 받았으며 차량이나 헬기를 이용한 정찰 및 표적획득 임무를 수행했다.

장비

101공수사단의 이라크 파견 후반기인 2007-8년이면 방호 장비의 중무장화가 정점에 다다르던 시기였다. 이라크 저항세력의 IED(급조폭발물), 자살폭탄테러와 같은 게릴라 공격이 점점 치명적이고 정교해짐에 따라 병사들의 피해를 최소화하기 위해 신형 IOTV는 물론 목, 목젖, 낭심 보호대와 새로 추가된 척추 보호대까지 모든 보호대를 부착했으며, 기존 OTV용 보호대 DAP의 어깨 보호대와 겨드랑이 보호대까지 추가하기도 했다. 이와 함께 총상과 화상피해를 최소화하기 위한 방염 전투복 및 방염 의류 착용도 의무화되었다.

1 OTV용 DAP 어깨 보호대를 IOTV에 결합해 사용했다.

2 방염 FR-ACU는 손목과 바지주머니의 정사각형 덧댐으로 구분할 수 있다.

3 블랙호크 社의 체스트 리그에 케이블타이와 버클을 달아 IOTV에 탈착 가능하도록 개조해 사용하고 있다.

4 Garmin 社의 민간용 휴대용 GPS장치, 간단한 순찰임무등에 사용된 EF 존슨 社의 PRC-127A 비전술 무전기가 부착되어 있다.

5 소텍 社의 IFAK 파우치는 이라크 파병 후반기 1-75 기병대대에서 특징적으로 확인된다.

6 2007년경 도입되었던 방염 전투복 ACS도 곧바로 많은 대원이 사용했다.

7 후두부 보호를 위한 ACH 방탄 패드도 지급되었다.

8 신형 PRC-152 다중대역 휴대용 무전기의 사용이 확인된다.

2010 Operation Dragon strike

Second Lieutenant (소위)
소대장

2여단전투단

019   216

2010
드래곤 스트라이크 작전

502연대 2대대
아프가니스탄

배경

2010년부터 아프가니스탄에 재 파병된 101공수사단은 2010년 9월에 탈레반의 근거지인 아프가니스탄 칸다하르 주 남부를 평정하기 위한 드래곤 스트라이크 작전을 개시했다. 2010년 9월에서 12월31일까지 101공수사단 2여단전투단을 주축으로 한 국제 보안군(ISAF) 부대가 작전에 참여했으며 여기에는 101공수사단 3여단전투단과 다수의 ANA(아프가니스탄 정부군) 및 소수의 캐나다군이 참여했다.

국제 보안군은 칸다하르 주의 요충지인 판즈와이와 자하리 지방에서 격전을 치렀으며, 작전 종료 시점에서는 탈레반의 세력을 성공적으로 몰아낼 수 있었다.

장비

2010년경 미 육군 아프가니스탄 파병부대의 전형적인 모습이다. 2009년 말부터 아프가니스탄 파병부대에 보급되기 시작한 SPCS는 단시일 내에 파병부대원 대부분에 보급되었다. SPCS에서 더 줄어든 PALS웨빙 면적 문제와 단독군장을 플레이트 캐리어에서 쉽게 분리 가능하다는 장점으로 여전히 체트스리그등의 장비를 SPCS에 겹쳐입는 대원들도 많았지만, 여전히 직접 파우치를 결속해 사용하는 대원들도 많았다.

이 대원은 소위-보병 소대장으로, PRC-148 MBITR 무전기와 전술 헤드셋 등 분대 통신장비를 사용하고 있다.

2000년 후반부터 미 육군을 포함한 아프간 주둔 국제 보안군은 ISAF 휘장을 어깨에 부착하게 되었다.

1 기존 검은색 헬멧 야간투시경 마운트 브라켓은 위장력에 문제가 있었기 때문에 공장에서부터 사막색으로 제조된 신형이 보급되기 시작했다.

2 2000년대 초에 도입된 신형 M24 쌍안경.

Operation Dragon

3　UCP 장비에는 탄색 계열 장비도 혼합 사용이 허용되었다.

4　통신을 위해 PRC-148 MBITR 다중대역 무전기와 전술 헤드셋을 사용중이다.

Afghanistan　　　2010

5　2010년대 초부터는 일반 조명과 적외선 조명 2가지 기능이 있는 Surefire 社의 M952V 웨폰 라이트가 보급되었다.

6　육군 하계 컴뱃 부츠는 아프간 산악지역에서 사용하기엔 접지력 등 만족스럽지 않아 등산화를 개인 구매하는 경우가 많았다.

Operation Dragon Strike

7 MOLLE2 패트롤 팩은 적당한 용량으로 대원들에게 애용되었다.

Afghanistan 2010

A1	UCP ACS
A2	FR ACU 하의
A3	시계 (G-shock, 개인 구매)
A4	육군 컴뱃 부츠
A5	멀티툴 (거버, 개인 구매)
A6	펜
A7	생수
B1	M4A1 카빈
B2	TA-31 3배율 조준경과 킬플래시
B3	PAQ-4C 적외선 표적지시기
B4	웨폰라이트 (Surefire M952V)
B5	양각대 (Harris, 개인 구매)
B6	소총 슬링 (V-tac, 개인 구매)
C1	ACH와 UCP 패턴 헬멧 커버
C2	AN/PVS-7,14 헬멧 마운트
C3	AN/PVS-14 야간투시경
C4	방탄 고글
C5	M24 쌍안경
D1	SPCS
D2	MOLLE2 3단 탄창 파우치
D3	어드민 파우치 (ATS, 개인 구매)
D4	MOLLE2 IFAK
D5	무전기 파우치 (Tactical Tailor, 개인 구매)
D6	잡낭 파우치 (Specter Gear, 개인 구매)
D7	UCP MOLLE2 하이드레이션백
D8	휴대용 GPS (Garmin, 개인 구매)
D9	M18 연막탄
D10	벨트 커터
D11	MBITR 다중대역 무전기
D12	전술 헤드셋 (RACAL)
E1	MOLLE2 패트롤 팩
E2	MOLLE2 웨이스트 백

Operation Dragon Strike

2010   아프가니스탄의 3여단전투단

Interlude 5

배경

2008년, 3년간의 이라크 파병에서 본국으로 복귀했던 3여단전투단은 2010년 4월 아프가니스탄 동부에 재파병 되었다. 파병 기간 동안 3여단전투단은 탈레반과의 전투 임무는 물론 ANA(아프간 정규군)을 훈련하는 임무를 주로 수행했다. 드래곤 스트라이크 작전 동안에는 ANA를 이끌고 TF 스트라이크를 보조하기도 했다

장비

아프가니스탄에서의 전투가 격화되며 아프간 전장 환경에 맞는 다양한 신장비들이 개발되었는데, 그중 101공수사단 3여단전투단에서는 신형 ACP(전투바지, Army Combat Pants)를 현장 테스트했다. ACP는 Crye Precision 社의 히트작 '컴뱃 유니폼'의 디자인을 적용한 방염 전투 바지로 테스트에 사용된 초기버전은 UCP 였으며 2011년경부터 아프가니스탄 파병부대에 지급된 정식 버전은 OCP가 적용되었다.

A1   UCP ACP는 우선 2008-9년에 본토에서 75레인저연대 등에서 테스트를 거친 후 101공수사단 3여단에서 테스트되었다. UCP 버전은 테스트용으로만 생산되었으며 이후 정식 보급품은 OCP(멀티캠)로 제작되었다.

A2   미군은 아프가니스탄 파병부대에 지급하기 위해 시중의 트래킹화를 도입한 '컴뱃 하이커'를 산악 전투화로 우선 지급했으나 평이 그다지 좋지 못했다.

A3   SPCS에 택티컬 테일러 社의 체스트 리그를 부착해 착용 중이다.

A4   Novotac社의 SPL 120은 소형 LED 웨폰 라이트로 미 육군에 2010년을 전후해 지급되었다

B1   아프가니스탄 파병 전투병력을 위해 보다 경량의 SPCS가 지급되었지만 IOTV도 무시할 수 없는양이 사용되었다.

2011 Battle of Barawala Kalay

Specialist (특기병)
유탄발사기 사수

1여단전투단

2011
발라왈라 칼라이 계곡 전투

배경

2011년 101공수사단 327보병연대 2대대는 탈레반 지도자 카리지아-라만을 제거하고 탈레반 보급로를 차단하기 위해 알카에다 아프간-파키스탄 국경지대인 쿠나르 지방의 발라왈라 칼라이 계곡에 투입되었다.

쿠나르 지방은 탈레반이 완전히 장악한 험준한 산악지역이었고, 327여단 2대대와 ANA 병력은 탈레반의 매복에 걸려 미군 6명과 ANA 1명이 전사하는 격전을 치른 끝에 카라지아-라만을 부상입히고 다수의 탈레반을 사살했으며 다수의 무기를 노획해 쿠나르 지방에서 탈레반 세력을 약화하는 데 성공했다.

이 발라왈라 칼라이 계곡 전투는 2014년 개봉한 다큐멘터리 영화 '호넷츠 네스트'에 담겨있다. 종군기자 Mike Bottecher와 그의 아들은 2011년경 아프가니스탄에 파병된 다양한 미군들과 동행하며 그/그녀들의 이야기를 필름에 담았으며, 특히 327연대 2대대와 발라왈라 칼라이 계곡 전투에 동행해 전투 장면을 촬영했다.

327연대 2대대
아프가니스탄

장비

2010년 아프간 파병부대에 한정해 UCP가 OCP(멀티캠)로 전환이 결정된지 얼마 지나지 않아 많은 장비가 OCP로 교체되었다. 101공수사단 327연대 2대대는 비교적 전환이 빠른 편으로 OCP ACU와 헬멧 커버, 단독군장까지 지급받았으며, 일부 부속 파우치나 휘장만 UCP용 폴리지 그린 색상을 사용하고 있다. 타 부대의 경우 당시까지 UCP 장비를 아직 그대로 사용하거나 의복과 단독군장을 섞어서 착용하는 경우도 많았다.

327연대 2대대는 전원이 SPCS에 탈부착 할 수 있는 신형 단독군장 TAP 체스트 리그와 OCP로 생산되며 일부 개량된 SPCS을 사용하고 있으며, 대원들이 소염기, 접이식 가늠자(BUIS) 등 다양한 개인 부착물을 추가해 사용하는 모습도 확인할 수 있다.

1 택티컬 유탄 밴돌리어는 유탄을 간단하게 수납할 수 있어 현재까지도 유탄 사수들에게 인기 있는 장비이다. 가장 끝에 수납한 것은 조명 유탄으로, 이렇듯 임무에 맞춰 다양한 탄종을 섞어 휴대하곤 했다.

2 멀티캠 헬멧 커버 보급 초기로 아직 헬멧 커버에 연대 휘장을 부착하지 않은 상태이다.

Hornet's Nest

3 ACH 후두부 보호대는 이라크전 말기에 등장했으며 아프가니스탄 전쟁에서도 꾸준히 사용되었다.

4 MOLLE2 중형 럭색은 적당한 크기의 프레임 럭색으로 현장에서 애용되었다.

Afghanistan 2011

5 ECWCS 레이어6 고어텍스 파카는 방수기능이 있어 우의로도 활용 가능하다.

6 M320A1 유탄 발사기 하부에 바이포드 그립을 부착해 사용하고 있다.

7 M320A1 유탄 발사기는 M203 유탄 발사기와 다르게 단독 사용도 염두에 두고 설계되었기 때문에 총기에 부착하지 않고 단독 운용되는 경우도 많았다.

8 미 육군의 산악 전투화, MCB가 아직 도입되지 못한 상황에서, 민간 브랜드의 등산화가 다수 사용되었으며 이들은 MCB가 보급된 이후에도 여전히 다수 사용되었다.

Afghanistan 2011

A1	OCP FR ACU 상·하의
A2	워치캡
A3	전술 장갑 (WilleyX,, 개인 구매)
A4	무릎 보호대 (아크테릭스, 개인 구매)
A5	시계 (Timex, 개인 구매)
A6	등산화 (Asolo, 개인 구매)
A7	생수
B1	M4A1 카빈
B2	TA-31 3배율 조준경
B3	RMR 무배율 조준경
B4	AN/PEQ-15 적외선 표적지시기
B5	M320A1 유탄발사기
B6	그립 바이포드 (GPS, 개인 구매)
B7	소총 슬링 (Vtac, 개인 구매)
C1	ACH 헬멧과 OCP 패턴 헬멧 커버
C2	AN/PVS-7,14 헬멧 마운트
C3	방탄 고글 (ESS)
D1	SPCS (OCP)
D2	TAP (OCP)
D3	MOLLE2 수통 세트
D4	MOLLE2 수류탄 파우치
D5	MOLLE2 IFAK
D6	멀티툴
E1	ECWCS L6 고어텍스 파카
E2	유탄 벨트 (Tactical Tailor, 개인 구매)
E3	MOLLE2 중형 럭색

Hornet's Nest

미래의 독수리
2010~2020년대

역사와 편제	236
장비와 무기	240

021	2016	내재된 결단 작전	244
022	2021	SOUTHERN VANGUARD '22	252
023	2022	독수리의 귀환	260

06

역사와 편제
2010~2020년대

이라크와 ISIL전쟁

2011년 미군의 철수로 인한 힘의 공백은 또다시 이라크를 혼란으로 몰아넣었고, 각종 폭력사태가 발생하고 테러단체들이 준동하기 시작했다. 이러한 혼란속에서 2010년 초 시리아 내전에서 세력을 키운 이라크의 무장 테러단체 '이슬람 국가'는 시리아 북부에서 이라크 동북부를 잇는 거대한 영토를 점령하고 2014년에 '이슬람 레반트 국가(ISIL)'를 선포했다. 이들은 같은 이슬람 테러조직들 조차 치를 떨게 할 정도의 반인륜·반문명적 테러와 만행을 일삼으며 전세계를 상대로 테러행위를 감행했고 내전으로 혼란한 시리아와 이라크 정부군은 이들을 제대로 저지할수 없었다.

이에 2014년부터는 미국 등 국제사회가 개입을 시작했고, 국제연합군의 지원에 힘입어 2015년부터는 국제연합군의 지원을 받는 이라크군이 북부의 중요 거점들을 탈환했으며 2017년 말에는 시리아와 이라크에서 대부분의 ISIL세력이 말소되었다. ISIL은 2019년에 마지막 점령지를 잃고 지도자가 미군에게 사살되는등 2023년 현재는 그 세가 크게 위축되어 있다. 하지만 ISIL의 잔당들은 중동 뿐 아니라 아프리카, 동남아시아 등 전세계에 세포조직을 설립해 두었으며, 이들은 ISIL의 이름으로 언제든 테러활동을 벌일 수 있어 여전히 전세계에 위협이 되고 있다.

아프가니스탄 전쟁의 종결

미군과 국제안보지원군이 철수계획을 철회한 2016년 이후 에도 이전과 비교해도 한참 소규모의 병력으로는 아프가니스탄의 안정화는 사실상 불가능했다. 이어지는 지루한 평화 협상과 전투의 반복 끝에 결국 2020년 카타르 도하에서의 아프가니스탄 신정부를 배제한 미국과 탈레반의 평화 협상이 체결되며 2021년부터 미군의 철수가 시작되었다. 하지만 탈레반은 미국과 국제연합군의 철수 와중에 대공세를 감행했고, 미국의 예상보다 빠르게 아프가니스탄 정부군이 무너지며 철수 도중이었던 8월 15일 카불이 탈레반의 손에 넘어가게 된다. 이 때문에 미군과 국제안보지원군은 탈레반이 장악한 카불에서 수 몰려드는 수많은 피난민에 ISIS의 폭탄 테러까지 겹치는 혼란속에 철수를 진행해야 했다. 하지만 2021년 8월 30일, 결국 마지막 미군 수송기가 카불 국제공항을 이륙했고 미국은 길었던 20년간의 전쟁에 어떤 방식으로든 마침표를 찍게 되었다.

신냉전

2000년대 이후 급속도로 성장해온 중국은 테러와의 전쟁으로 중동에 묶여있던 미국을 위협하는 세계 2위 경제 대국으로 성장하면서 아시아 태평양 주변국을 위협하는 등 미국의 패권에 도전해왔다. 이에 미국은 2012년 미국의 중점을 중동에서 아시아로 전환하는 '아시아로의 회귀(Pivot to Asia)' 정책을 발표하며 동아시아 태평양 국가들과의 협력을 강화해 중국을 견제하고자 했다.

이러한 경쟁관계는 이후 더욱 심화되어 2017년 도널드 트럼프 대통령의 취임 이후 미국은 중국을 자국의 주요 위협으로 간주하며 2차세계대전 이후 소련과 미국 간에 벌어진 냉전을 상기하는 '신냉전'의 시작을 언급했다. 여기에 2022년 2월 벌어진 러시아의 우크라이나 침공은 신냉전을 더욱 심화시키는 계기가 되었는데, 러시아의 침공에 대항해 미국과 NATO등 서방세계는 일치단결해 우크라이나를 지원했으며, 우크라이나의 선방에 전쟁이 장기화하며 러시아가 서방세계로부터 고립이 심화하자, 러시아는 이제 중국과 그 동맹국들과 밀착하고 있다. 미국과 중국 간의 패권경쟁, 그리고 우크라이나에서 벌어지고 있는 서방과 러시아의 긴장상태는 세계를 2차세계대전 이후의 냉전과 흡사한 자유민주주의와 권위주의의 대립 상황으로 몰아넣고 있다.

101공수사단

101공수사단은 2014년 아프가니스탄에서 본국으로 돌아온 이후 여단전투단 개편을 통해 편제를 축소한 이후 아프리카, 이라크, 소말리아 등에 파병되며 각지에서 직접 전투 및 지원작전을 펼쳤다.

2022년 우크라이나 전쟁에서는 우크라이나 전쟁으로 동요하는 NATO 회원국들을 안심시키기 위해 2022년 5월부터 동유럽 NATO 국가에 파병되어 NATO 각국 군대와 각종 훈련을 진행하고 있다.

101공수사단은 가까운 미래에 각종 최신 보병 장비 및 경전차의 도입을 통한 전력 강화로 지난 20여 년간의 테러와의 전쟁의 상흔을 씻고, 미래 정규전장에서 활약하기 위한 기반을 다지고 있다. 101공수사단은 70년 전에도 그러했듯 미군의 최정예 전략 사단 중 하나로, 앞으로도 미군의 주요 기동 전력으로 존재할 것이다.

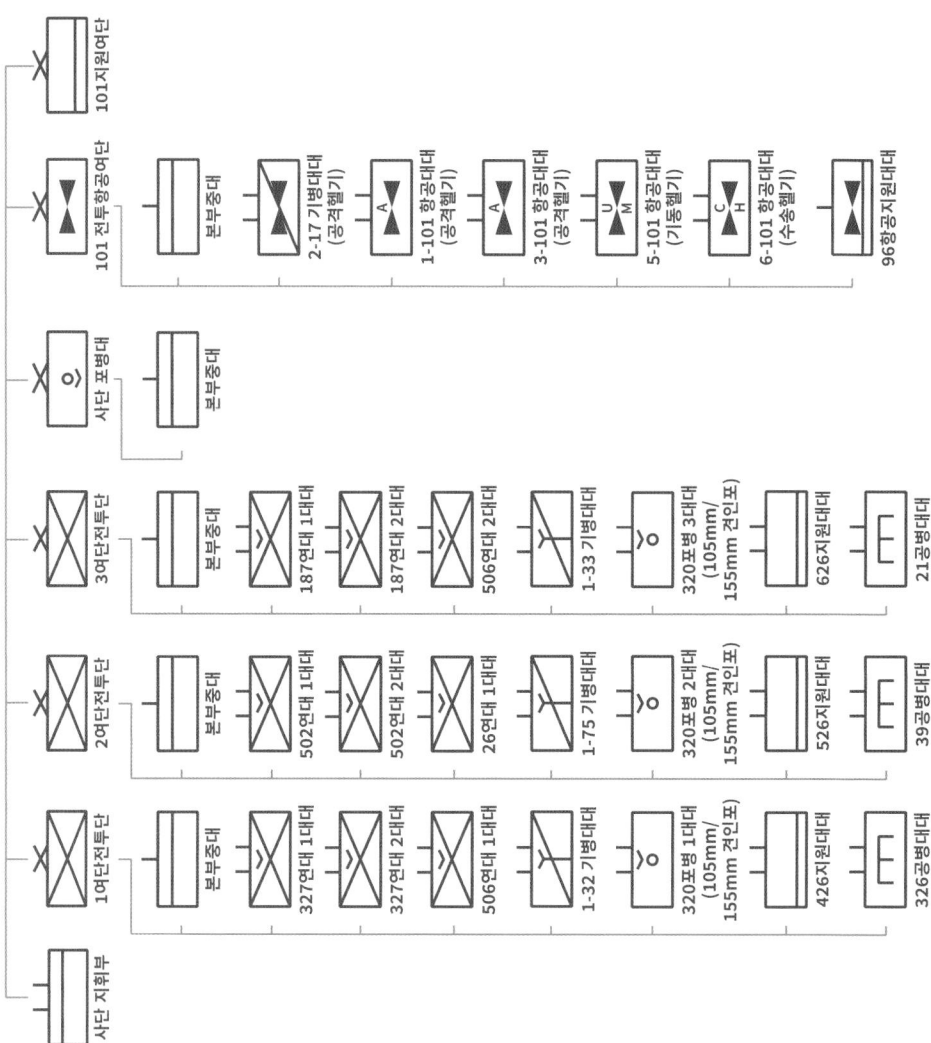

101공수사단 (공중강습)
2022

2013년 BCT개혁안 이래 미 육군의 여단전투단 감축이 진행되었으며 101공수사단도 마찬가지였다. 4여단전투단과 159전투항공여단이 비활성화 되었으며 1,2,3여단전투단에서는 327연대 3대대, 502연대 3대대, 187연대 3대대가 비활성화 되어 4여단전투단의 506연대 1대대, 506연대 2대대 그리고 26보병연대 1대대가 대신 편제되었다. 159전투항공여단의 일부 병력과 장비는 101항공여단으로 흡수되었다. 사단 포병이 8년 만에 부활해, 보병여단전투단에 개별 포병이 영구적으로 편제되는 대신 사단포병과 각 여단전투단간 유동성 있게 편제되어 상황에 따른 효율적인 화력지원이 가능해졌다.

장비와 무기
2010~2020년대

테러와의 전쟁은 아프가니스탄에서 미군이 최종 철수하는 2021년까지 계속되었지만, 2010년대 후반부터 미군의 관심사는 중국과 러시아를 상대로 한 신냉전으로 옮겨가고 있었다. 2010년대를 지나며 이제 미 육군은 대게릴라전의 굴레에서 벗어나 강력한 미래의 적들에 맞선 첨단 기술이 적용된 각종 장비로 무장하기 시작한다.

1 전투 의복

1-1 OCP의 시대

2014년 미 육군은 결국 파병부대 뿐만 아니라 UCP 자체를 대체하기로 결정하고 2000년대 초반 멀티캠의 개발과 함께 미 육군에서 저작권을 가지고 있던 스콜피온 위장 패턴을 수정, 2015년 OCP(Operational Camouflage Pattern)라는 새로운 패턴으로 도입한다. 기존 OCP로 호칭되던 멀티캠은 OEF-CP로 명칭이 변경되었다. OCP는 멀티캠과 흡사하지만 약간의 색생과 패턴의 형태에서 차이가 있다. 이후 혼용기간을 갖던 미 육군은 2019년부터 공식적으로 UCP의 사용을 중지했으며, OCP(아프가니스탄 파병용으로 허용된 멀티캠 패턴을 포함한) 의복 착용이 의무화되었다.

2019년부터는 더 얇은 원단으로 제작된 혹서기용 전투복 IHWCU(Improved How Weather Combat Uniform)이 등장했다. 가슴 주머니의 삭제, 고전적인 단추식 어깨주머니가 특징이며 얇아진 원단에 대응해 무릎, 엉덩이, 팔꿈치에 덧댐이 생겼다. IHWCU는 기존 ACU 및 FR-ACU보다 가벼워서 하절기 뿐 아니라 다양한 상황에 애용되고 있다.

2021년 이후 부터는 기존의 ACS와 ACP도 목깃 형태, 무릎 보호대 형식 등 세세한 변경점이 적용되어 생산되고 있다.

1-2 전투화

기존 미 육군 전투화 체계가 전투복에 맞춰 갈색으로 변경된 것 외에는 큰 변화없이 적용되었다. 미 육군 규정 670-1에 따라 소재 및 색상, 형태 기준을 만족하는 전투화는 모두 허용되기 때문에 보급품 외의 개인 구매 전투화를 사용하는 비중이 늘어났다.

2 개인 장비

2-1 IOTV의 개선.

2013년경에는 기존 와이어식 대신 버클식 신속전개장치를 적용, 신속전개 기능은 물론 각종 편의성이 개선된 2세대 SPCS가 등장했다. 버클식 새로운 신속전개장치는 1년뒤 도입된 3세대 IOTV에 적용되며 이후의 모든 미 육군 바디아머에 적용되었다. 2016년경부터는 SPCS 2세대의 디자인을 거의 그대로 차용한 4세대 IOTV가 도입되었다. 아프가니스탄의 전훈으로 미 육군은 방호면적 대신 경량화와 기동성을 택해 4세대 IOTV 부터는 이전 세대의 IOTV, OTV 등 바디아머류 보다 방호면적이 줄어들었지만, 보다 가볍고 활동하기 쉬운 형태로 제작되었다.

Equipment & Firearms

2-2 MSV와 IHPS.

미 육군은 2013년경부터 기존 보병 보호장비 체계를 대체하는 차세대 보호장비 체계인 SPS(Soldier Protection System)의 개발을 시작했다. SPS는 3세대 SAPI, 몸통 보호 시스템 MSV(Modular Scalable Vest), 머리 보호 시스템 IHPS (Integrated Head Protection System) 그리고 보호경 시스템으로 구성되었다.

MSV는 신형 모듈 방탄복으로, 기존 IOTV 4세대보다도 방호 면적이 줄어들어 완전한 플레이트 캐리어의 형태를 띄고 있으며 4개로 구성된 방탄재를 사용해 사용자의 위협 환경과 임무에 따라 방탄 성능과 무게를 조절해 착용할 수 있다. 최종 보급된 2세대에서는 기존 MOLLE처럼 PALS 나일론 웨빙 대신 본체에 레이저커팅된 구멍을 뚫어 최대한의 무게를 절약하는 해 IOTV에 비해 3kg가량 더 가벼운 무게를 달성했다.

3세대 ESAPI 방탄판은 기존보다 경량화된 것은 물론 방탄판 모서리 경사를 가파르게 변경한 '슈터스 컷' 형태가 적용되는 등 경량화와 활동성 확보 위주의 개량이 있었다.

IHPS는 통신기기와 야간투시경 사용에 적합하면서도 보호 면적은 늘어난 특유의 형상으로 제작되었고 폴리에틸렌 소재가 사용되어 ACH에 비해 방호력은 5% 향상되었지만, 무게는 더 가볍다. 기존 방탄 헬멧들이 헬멧에 구멍을 내 턱끈을 부착해 방호력에 영향이 있던 반면, IHPS는 구멍 없이 플라스틱 클립을 통해 턱끈을 고정해 이러한 문제를 해결했다. IHPS는 방탄 헬멧 본체와 좌·우측에 악세서리 사용을 위한 피카티니 레일, 정면 추가 방탄판과 안면을 보호하기 위한 방탄 마스크가 포함된다.

2018년경부터 우선 1세대 MSV가, 2019년부터는 IHPS가 아프가니스탄, 시리아 등 파병 부대에 지급되기 시작했다. 최종 채용된 2세대 MSV와 IHPS는 장기적으로 IOTV와 ACH/ECH를 완전히 대체할 예정이며 2022년 러시아의 우크라이나 침공으로 유럽에 파견된 미 육군 보병에게 우선적으로 MSV와 IHPS를 지급하고 있다.

2-3 MOLLE2

MOLLE2장비와 TAP은 OCP의 적용 등 일부 개량만을 거쳐 IOTV는 물론 MSV와도 함께 사용되고 있다. 2017년에는 공수부대용의 A-TAP이 개발되어 테스트를 거쳤으며 2020년대 부터 사용이 확인되고 있다.

3. 전자장비 및 통신장비

3-1 Nett Warrior 시스템.

Nett Warrior 시스템은 PRC-154등 신형 전술 무전기 네트워크를 통해 생성되는 실시간 전장상황 정보를 안드로이드OS 기반 상황공유 시스템인 ATAK을 통해 시각화하며, 사용자는 이를 통해 전장상황 인식능력이 기존 통신망보다 월등하게 향상될 뿐 아니라 이를 활용해, 작전계획 수립, 화력 지원등 다양한 용도로 활용 가능해 전반적인 작전수행 및 지휘능력의 극적인 향상을 불러왔다.

Nett Warrior는 2021년경부터 단말기를 삼성 갤럭시S20으로 교체하고 연결시스템을 간소화하는 등 개선되어 최종적으로는 미 육군에 8천여 키트가 지급될 예정이다.

3-2. ENVG와 IVAS

미 육군은 현재까지도 주력으로 사용되는 AN/AN/PVS-14 단안식 야간투시경에 이어 2009년경부터는 열화상 야간투시경 ENVG를 도입했다. ENVG는 열영상과 야간투시 두 가지 기능을 혼용해 기존의 열영상경이나 야간투시경 단독 사용에 비해 관측능력이 향상되었다. 개량형 ENVG-II부터는 총기에 별도의 영상조준경을 부착해 그 영상을 ENVG로 전송받아 정조준하지않고 정확히 사격을 할 수 있게 해주는 등 기능이 추가되었다. 2020년부터는 신형 ENVG-B(ENVG-VI)의 보급이 시작되었는데, 기존 단안식에서 쌍안식으로 변경되며 관측시야가 넓어진 것은 물론, Nett Warrior 시스템과 결합하여 증강현실 기술로 표적정보, 방위, 지도를 시야에 송출해 Nett Warrior의 전장 상황 인식 기능의 효율을 극대화 할 수 있게 되었다.

미 육군은 이에 만족하지 않고 2022년에는 증강현실 기술을 적용한 통합 고글형 디스플레이 장치인 IVAS를 도입하려 한다. IVAS는 관측기능 향상뿐 아니라 열영상, GPS, 전술 통신 등의 기능이 포함된 통합 전술 상황인식 시스템이다. 미 육군은 이 장비를 2022년까지 도입하려 했으나 최종 테스트로 인해 미뤄진 상태이며, 2025년까지 개량을 계속해 지급할 예정이다.

(A) OCP ACU 상·하의 / (B) 온대기후용 OCP ACB / (C) IHWCU 상·하의 / (D) OCP ACP / (E) 2세대 SPCS / (F) 4세대 IOTV / (G) IHPS 헬멧 / (H) 2세대 MSV / (I) A-TAP

인 M18도 함께 도입되어 병과 및 용도에 맞춰 지급되고 있다.

3-2 차세대 화기 - NGSW

미 육군은 2017년 부터 중국, 러시아 등 잠재 적성국들의 방탄 장비 발전에 대응해 더욱 강력한 화력과 향상된 사격통제장치가 적용된 신형 제식화기 NGSW(Next Generation Squad Weapon) 선정 사업을 진행했다. M4A1 카빈과 M249 분대 지원화기를 대체하는 이 사업에는 3개 업체가 참여해 각자 기존 제식소총탄인 5.56mm 탄보다 한 체급 위의 6.8mm 구경의 신형탄과 화기의 시제품을 선보였으며, 2022년 최종적으로 Sig Sauer 社의 XM5 소총과 XM250 경기관총이 선정되었다. 이들 신형 화기는 그보다 몇달 전 채택된 Vortex社의 XM157 통합사격 통제시스템과 함께 차세대 미 육군의 보병 화기로 채용되었다. NGSW는 점차 전투부대의 M4A1 카빈 및 M249 기관총을 대체해 나갈 예정이다.

3 무기

3-1 기존 화기의 개량

M4A1 카빈과 M249 경기관총, M240 중형기관총 등 주요 소화기류는 2020년대에도 여전히 미 육군에서 사용되고 있지만, 몇가지 개량과 그 외 화기의 교체 도입사업이 진행되었다.

M240B 중형기관총은 2011년부터 단축 총열과 신축식 개머리판이 적용된 경량화 버전 M240L0로 개량되었으며, 2018년경부터는 H&K 社의 G28E소총을 분대 지정 사수 소총(SDMR) M110A1으로 도입해 이미 낡은 M14 EBR 소총을 대체하기 시작했다. 2017년부터는 M9 권총을 대체하기 위한 권총 사업으로 Sig Sauer 社의 P320 권총이 M17 MHS(Modular Handgun System)라는 제식명으로 도입되었다. M17 권총은 모듈러 시스템이라는 명칭답게 총몸에 피카티니 레일이 부착되어 전술 조명 등 다양한 부착물을 사용할 수 있고, 상부에는 전용 광학 조준경도 사용할 수 있다. M17 뿐 아니라의 단축형

Equipment & Firearms

(L) AN/PRC-154 전술 무전기로 구성한 Nett Warrior 체계 /
(M) ENVG-VI와 전용 헬멧 마운트 / (N) IVAS / (O) M240L 중형기관총 /
(P) M17 권총 / (Q) M110A1 SDMR / (R) XM5 소총 / (S) XM250 경기관총

2016　　Qayyarah West Airfield

Sergeant (병장)
화력조장

2여단전투단

021　　　　　　　　　　　　　　　244

2016
내재된 결단 작전

배경

한때는 시리아는 물론 이라크의 수도 바그다드 외곽까지 점령하며 위세를 떨쳤던 이슬람 극단주의세력 ISIL은 2014년부터 시작된 이라크와 국제연합군의 반격에 주춤하기 시작했다. 2016년 6월에는 ISIL이 최초로 점령했던 이라크 도시인 팔루자가 탈환되었으며 10월부터는 이라크 북부의 대도시 모술 탈환을 위한 전투가 시작되었다.

미군은 ISIL을 저지하기 위해 2014년 6월부터 19개국 연합 합동태스크포스(CJTF-OIR)를 결성하며 '내재된 결단 작전(Operation Inherent Resolve)'을 개시했다. 101공수사단은 사단본부 및 2여단전투단 병력 1,800여 명이 파병된 데 이어 2016년 6월에는 이라크군이 해방한 모술 근교의 카라야 공군기지(Q-west)에 560여명을 추가로 파병했다. 101공수사단은 이라크군을 훈련하고, 병참 지원과 공습유도 및 포격으로 이라크군의 공세를 보조했다.

26보병연대 1대대
이라크, 카라야 서부 공군기지

장비

2015년 미 육군의 새로운 위장무늬, OCP(Operational Camouflage Pattern)의 도입으로 아프가니스탄 파병 부대 외에도 많은 부대가 UCP를 대체하게 되었다. 그 때문에 이라크에 파병된 101공수사단 2여단전투단 병력도 OCP 장비를 모두 보급받았지만, 실제로는 OCP와 OEF-CP(멀티캠) 장비가 혼용되어 사용되었다.

2013년 말 도입된 3세대 IOTV를 대부분의 병력이 착용하고 있으며, 일부 대원은 아프가니스탄 파병 당시 지급받았던 SPCS나 개인 구매한 플레이트 캐리어를 착용하고 있다. 또한 전투 파병지인 만큼 FR ACU, ACS, ACP등의 방염 의류를 지급받았으며, 혹시 모를 화학 테러에 대비해 방독면도 휴대하고 있다.

2 파병용 OEF-CP 패턴 방염 컴뱃유니폼 상·하의를 착용하고 있다. 셔츠는 디자인이 개선된 신형이다.

2 ENVG-II 야간투시경 전용 헬멧 마운트를 ACH에 사용 중이다.

3 이라크 파병 부대는 유사시에 대비해 신형 M50 방독면을 휴대했다.

4 2016년부터 배치되기 시작한 EPM은 신형 M855A1탄을 사용하기 위해 개량된 탄창으로 출고시부터 갈색으로 도장되어 쉽게 구분이 가능하다.

5 2010년경부터 도입된 PRC-154 분대 무전기는 기존의 분대용 민간 무전기에 비해 통신능력과 보안능력이 향상 되었으며, 탑재된 GPS 기능으로 전장 네트워크 접속 능력을 제공한다.

Qayyarah West Airfield

6 Peltor 社의 컴택 헤드셋, 영국 워리어 어썰트 시스템 社의 플레이트 캐리어 등 전술 장비 시장의 발전으로 개인 구매 장비 사용의 빈도와 범위가 점차 증가했다.

A1	OCP ACS TYPE II
A2	OEF-CP ACP
A3	전술 장갑
A4	GPS 시계 (Suunto, 개인 구매)
A5	유틸리티 나이프 (SOG, 개인 구매)
A6	플래시 라이트 (Surefire, 개인 구매) 와 파우치
A7	컴뱃 부츠 (Rocky, 개인 구매)
B1	M4A1 카빈
B2	광학 조준경 (Aimpoint M4)
B3	AN/PEQ-15A 적외선 표적지시기
B4	그립 바이포드 (GPS, 개인 구매)
B5	검정 소총 슬링
C1	ACH 헬멧과 OCP 패턴 헬멧 커버
C2	ENVG-II 헬멧 마운트
C3	방탄 고글 (Willey-X)
D1	M50 방독면
E1	3세대 IOTV
E2	MOLLE2 탄창 파우치
E3	MOLLE2 IFAK2
E4	MOLLE2 지혈대 파우치
E5	MOLLE2 수통 세트
E6	MOLLE2 플래시뱅 파우치
E7	하이드레이션백 파우치 (Condor, 개인 구매)
E8	PRC-154 무전기와 전용 파우치
E9	핸드 마이크
E10	벨트 커터

Qayyarah West Airfield

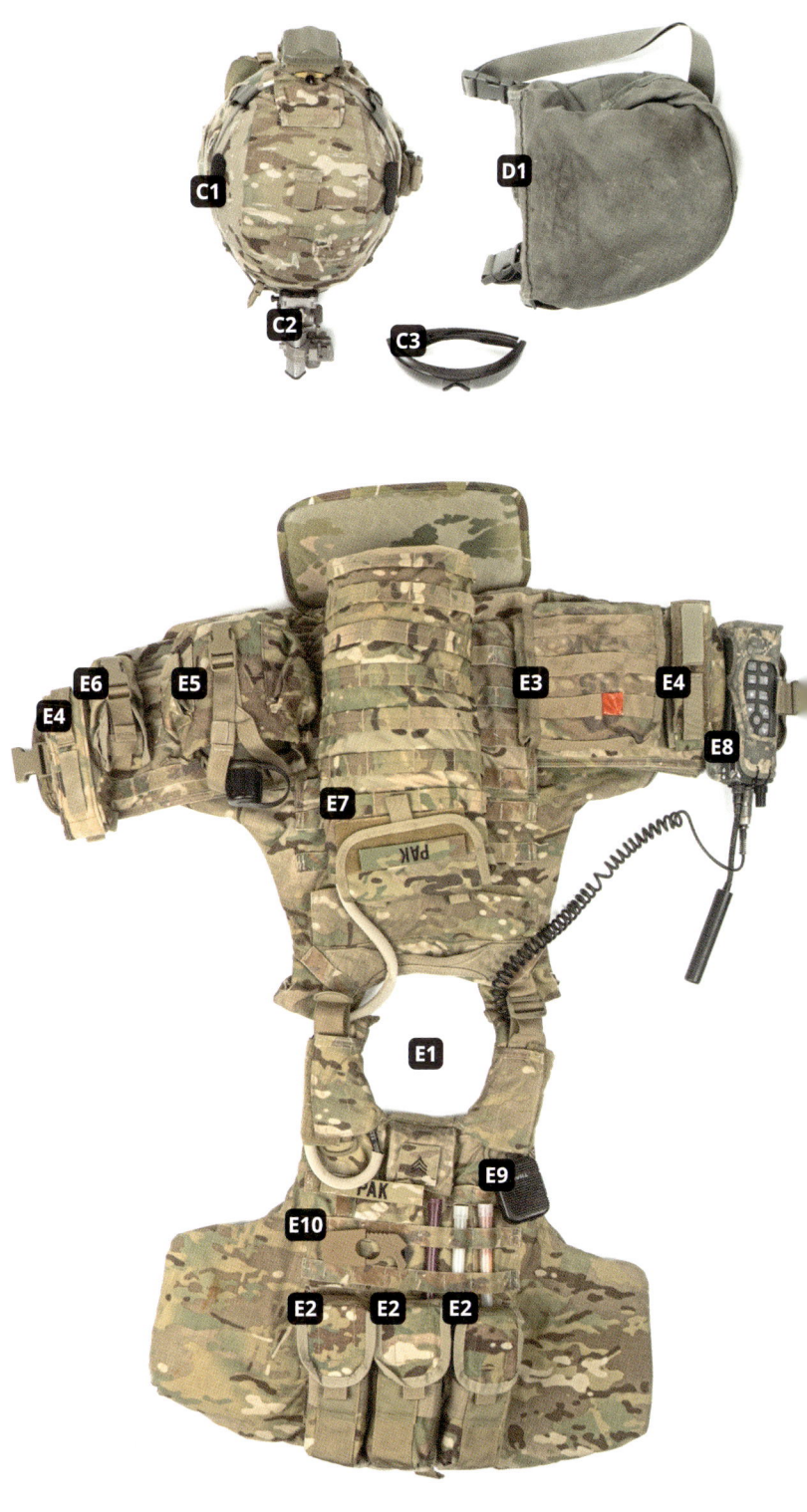

2021 SOUTHERN VANGUARD '22

First lieutenant (중위)
소대장

3여단전투단

022 252

2021
SOUTHERN VANGUARD '22

배경

SOUTHERN VANGUARD는 미군 남부사령부(SOUTHCOM)의 주관으로 미군이 남미국가들과 진행하는 정례 훈련이다. 첫 번째 회차인 SOUTHERN VANGUARD '21이 10산악사단 주도로 8월 칠레에서 진행되었던 것을 시작으로 SOUTHERN VANGUARD '22는 101공수사단이 참여해 브라질에서 진행되었다.

12월 6일부터 12월 18일까지 진행된 훈련에서 양군은 공중강습작전 위주의 실탄 기동훈련을 진행했다. 미군에서는 101공수사단 3여단 152명 등 183명이 참가했으며, 브라질군에서는 12보병여단 1대대 소속 800여 명이 참가했다.

187연대 1대대
브라질

장비

2019년부터 도입된 신형 혹서기용 전투복 IHWCU(Improved Hot Weather Combat Uniform), 신형 ENVG-IV(PSQ-42A) 야간투시경, STORM-SLX 거리측정기 등 2020년대 미 육군 신형 장비의 면면을 확인할 수 있다.

대원들은 보급품 TAP 대신 다수의 Spiritus 社, Crye Precision 社 등의 민간 최신 제품을 사용하는 경우가 다수 확인된다.

1 OCP가 적용된 ECWCS 레이어6 고어텍스 파카를 착용하고 있다.

2 PRC-152A와 PRC-154A 전술 무전기 2개를 운용하고 있다. 부대 상황에 따라 제대별 통신을 위해 무전기 2개 이상을 사용하는 경우도 있다.

3 ENVG-IV 보급이 제법 진전된 상황에서도 이전 버전의 ENVG도 일선부대에서 여전히 다수 사용되었다.

4 MOLLE2 UCP 대형 럭색등 구형장비들도 여전히 다수 사용되고 있다.

5 미 육군 전체로는 2022년경에는 이미 2세대 MSV의 보급이 시작되었지만, 101공수사단은 아직 4세대 IOTV만 확인되었다.

6 벨크로를 통해 하의에서 탈착할 수 있는 모듈러 워벨트는 2010년대 후반기부터 특수부대를 중심으로 유행이 되었으며 정규군에서도 간혹 사용되었다.

Southern Vanguard '22

7 스마트 디바이스를 활용한 군사 상황 인식체계의 보급도 상당히 진전되어, PRC-154A 전술 무전기와 스마트 디바이스 단말기를 조합한 Nett Warrior 체계를 휴대한 대원들을 확인할 수 있다.

A1	IHWCU 상·하의
A2	시계 (G-shock, 개인 구매)
A3	전술 장갑 (Mechanix, 개인 구매)
A4	컴뱃 부츠 (Belleville, 개인 구매)
A5	홀스터와 M17 권총
A6	권총 탄창 파우치 (TYR, 개인 구매)
A7	멀티툴 (Leatherman, 개인 구매)
B1	M4A1 카빈
B2	광학 조준경 (Trijicon ACOG)
B3	LA-5 적외선 표적지시기
B4	소총 슬링 (V-tac, 개인 구매)
C1	ACH와 OCP 헬멧 커버
C2	ENVG-I 헬멧 마운트
C3	방탄 고글 (ESS)
D1	ECWCS L6 고어텍스 파카
E1	TAP
E2	MOLLE2 수통 세트
E3	MOLLE2 수류탄 파우치
E4	MOLLE2 IFAK2
E5	MOLLE2 지혈대 파우치
E6	무전기 파우치 (TYR, 개인 구매)
E7	지도 파우치 (Condor, 개인 구매)
E8	휴대용 GPS (Gramin, 개인 구매)
E9	PRC-152A 전술 무전기
E10	PRC-154A 전술 무전기
E11	핸드 마이크
F1	MOLLE2 대형 럭색
F2	MOLLE2 야전삽
F3	ALICE 2쿼터 수통 세트
F4	자충식 매트

Southern Vanguard 22

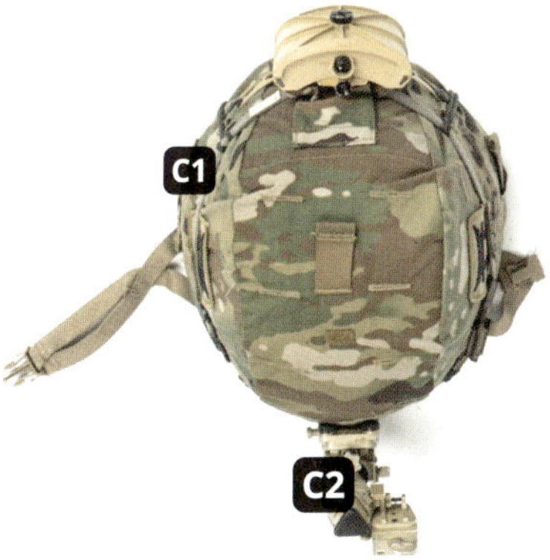
C1
C2

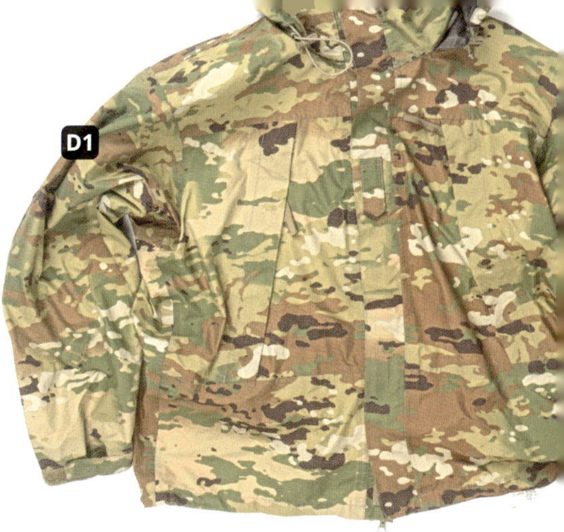
D1

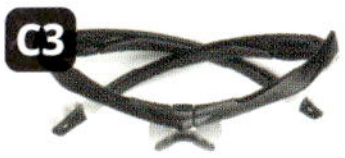
C3

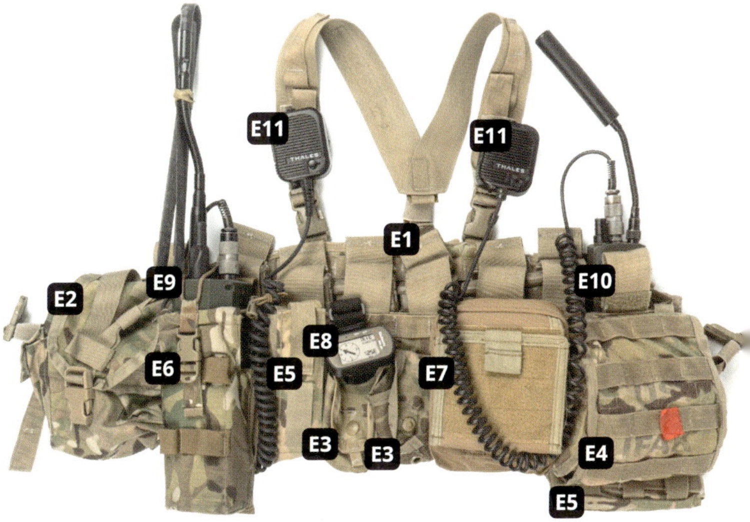
E11
E11
E1
E2
E9
E10
E6
E8
E5
E7
E3
E3
E4
E5
THALES
THALES

F1
PAK
F4
F3
F2

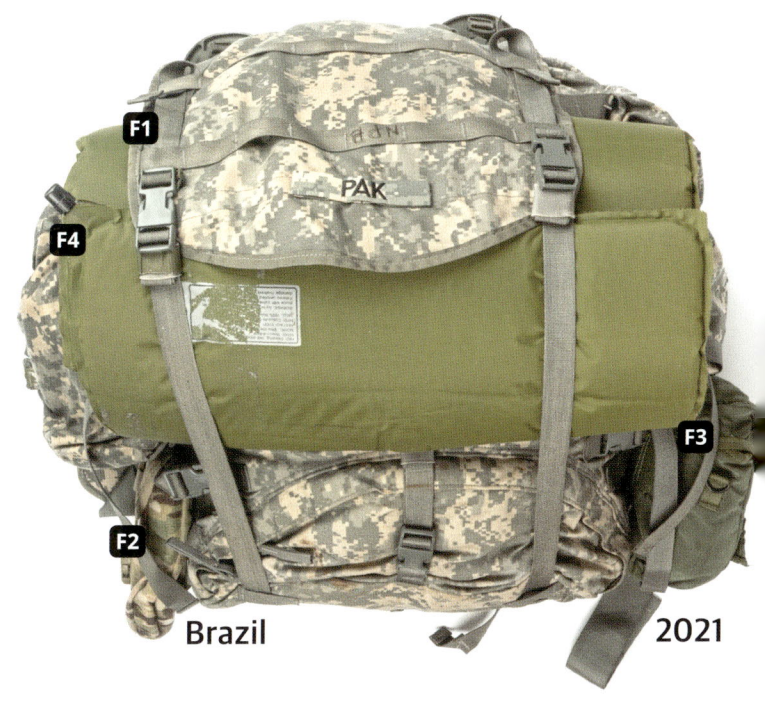

2022 Return of the Eagles

Sergeant (병장)
분대장

2여단전투단

023

2022
독수리의 귀환

배경

2014년 우크라이나의 크림반도를 강제 합병했던 러시아는 2022년 2월에는 우크라이나 전역을 점령하기 위해 전면 침공을 감행했다. 이에 미국은 우크라이나에 강력한 군사원조를 실행하는 한편 러시아의 침공 위협에서 NATO의 단결과 안전을 보증하기 위해 동유럽 NATO 회원국들에 지상군을 신속히 배치했다.

101공수사단도 하나로, 2022년 6월 20일부터 2여단전투단이 병력이 루마니아에 도착하기 시작해 총 4,700여 명 규모가 유럽에 전개되었다. 이번 파병은 101공수사단이 2차세계대전 이후 처음으로 유럽 대륙에 배치된 것이다. 1944년 나치 독일로부터 자유와 평화를 수호하기 위해 유럽 대륙에 발을 딛었던 울부짖는 독수리는 78년 만에 다시금 자유와 평화를 위해 유럽 대륙에 발을 딛게 되었다.

502연대 2대대
루마니아

장비

2010년 후반기까지 101공수사단은 82공수사단이나 173공수여단 등 다른 신속 대응부대에 비해 상대적으로 신형 장비의 보급이 빠르지 않았다. 하지만 이번 우크라이나 위기로 인한 유럽 파병을 계기로 101공수사단에도 신형 장비의 지급이 시작되었다. 2022년 5월 첫 파병을 전후해서 부터 101공수사단 2여단전투단을 시작으로 신형 IHPS 헬멧, 2세대 MSV 등의 신형 장비의 보급이 시작되었다.

하지만 포병 등 지원부대나 2여단전투단 외의 여단전투단에서는 여전히 ACH/ECH나 IOTV등의 구형 장비도 많은 수가 사용되고 있어, 한동안은 구형 장비가 사용될 것으로 보인다.

1 최근 트렌드에 맞춰 IHPS 헬멧에 위장망과 그물로 추가 위장을 더했다.
2 2020년대부터 보급된 OCP ACP를 착용하고 있다.

Return of the Eag

3   OCP MOLLE2 패트롤 팩은 2020년대의 첨단 장비속에서 다소 구식 디자인이지만, 여전히 대원들에게 애용되고 있다.

4 여름 뿐 아니라 가을이나 초겨울 날씨에도 혹서기 전투복인 IHWCU를 착용하는 대원이 많다.

5   MPU-5는 최신 다중대역 무전기로, 안드로이드 OS가 내장되어 Nett Warrior 시스템과 연동할 수 있으며, 통신 중계기능으로 통신장애 극복에도 사용할 수 있다. MPU-5는 2018년 이래로 101공수사단에서 지속적으로 테스트중이다.

A1	IHWCU 상의
A2	ACP
A3	전술 장갑 (Mechanix, 개인 구매)
A4	컴뱃부츠 (Rocky, 개인 구매)
A5	덤프 파우치 (Condor, 개인 구매)
A6	멀티툴 (Leatherman, 개인 구매)
B1	M4A1 카빈
B2	광학 조준경 (Aimpoint M4)
B3	AN/PEQ-15A 적외선 표적지시기
B4	검정 소총 슬링
C1	IHPS 헬멧과 전용커버
C2	위장그물과 위장망
C3	ENVG-III 마운트
C4	방탄 고글 (Willey-X)
C5	택티컬 헤드셋 (Peltor, 개인 구매)
D1	2세대 MSV
D2	잡낭 파우치 (Condor, 개인 구매)
D3	트리플 스택 탄창 파우치 (Condor, 개인 구매)
D4	MOLLE2 IFAK
D5	MOLLE2 지혈대 파우치
D6	MOLLE2 수통파우치
D7	무전기 파우치 (Tactical Tailor, 개인 구매)
D8	PRC-152A 전술 무전기
D9	PTT (Peltor, 개인 구매)
D10	벨트 커터
D11	GPS 시계 (Suunto, 개인 구매)
E1	MOLLE2 패트롤 팩

Return of the Eagles

부록1: 계급 체계

미군의 계급체계는 대부분의 서구 군대와 마찬가지로 크게 장교와 부사관/병을 포함하는 사병의 두가지로 나눠지며, 여기에 기술직 고위부사관으로 장교와 사병의 중간 계급인 준사관(Warrent Officer)이 존재한다. 장교 계급은 20세기초부터 변하지 않았지만 사병과 준사관 계급 체계는 지속적으로 변화해왔다.

1 장교 계급

미 육군 장교 계급장은 남북전쟁 이전까지는 색깔 띠와 모표를 사용했지만, 남북전쟁 이후부터는 지금의 계급 체계가 성립되어 지금까지 거의 그대로 사용되고 있다.

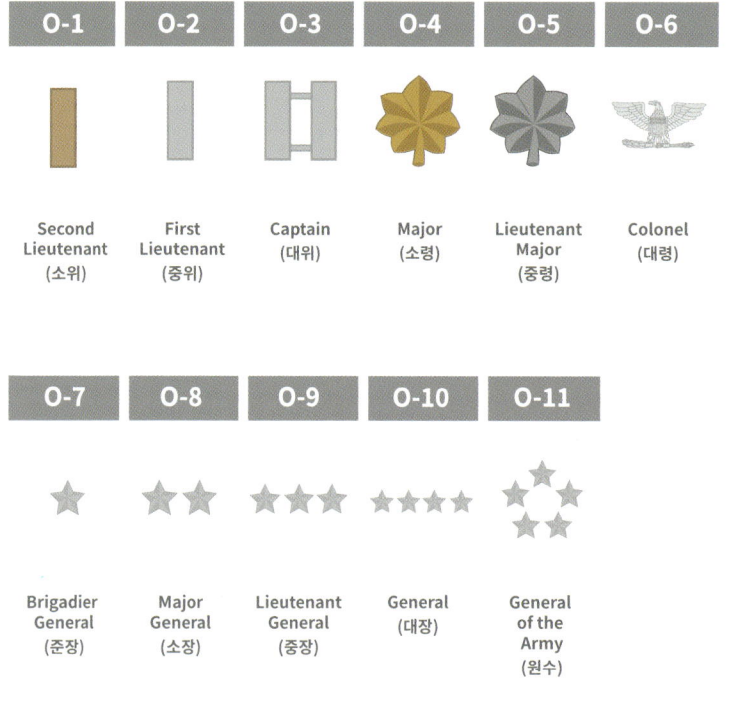

2 사병 계급

미 육군 사병 계급장은 남북전쟁 이전까지는 색깔 견장을 사용했으나, 그 이후부터는 서구 군대에서 일반적으로 사병계급을 나타내는데 사용해온 쐐기모양 도형, 쉐브론(Chevron)을 사용해 사병 계급을 표시하기 시작했으며, 1847년부터 위로 향하는 쉐브론을 적용해 지금에 이르고 있다. 장교 계급장과 다르게 계급체계가 지속적으로 변화해온 것이 특징이다.

1920~1942년

특기병(SPecialist)은 기술지식이 있는 병사에게 주어지는 계급으로 해당 등급 병 계급장을 공유하며 별도 계급장은 없었지만, 기술 수준을 별도 휘장으로 표시할수 있었다.

1942~1948

특기병 계급은 기술병(Technician) 계급으로 대체되었다. 기술병은 계급상 위치는 부사관급이었고 해당 등급 급여를 받았지만, 부사관의 권한은 없었다. 이병(Private)계급이 나뉘어 이병(Private)과 2급 일병(Private Second Class)으로 분리되었다.

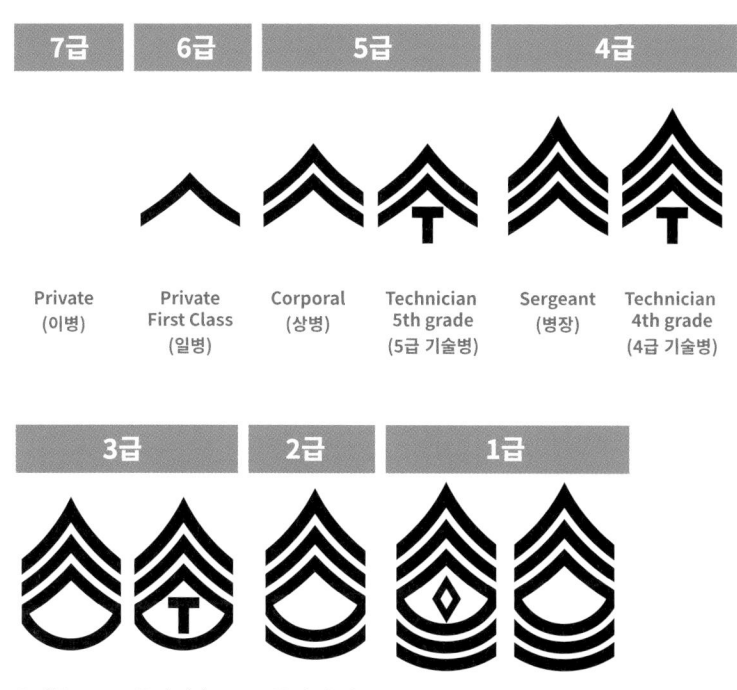

Supplement 1

1940년대 후반~1950년대 초반

1948년에는 병장(Sergeant) 계급이 폐지되었고 기술병은 동 등급의 일반 계급으로 흡수되었다. 1950년부터는 계급 등급이 반전되어 1등급이 최하등급이 되었다.

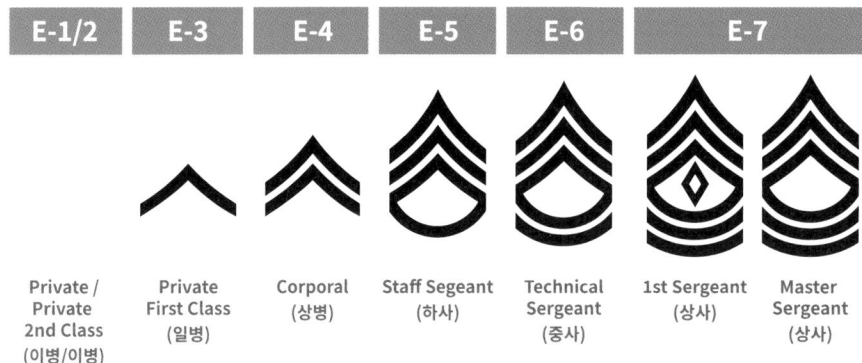

E-1/2	E-3	E-4	E-5	E-6	E-7	
Private / Private 2nd Class (이병/이병)	Private First Class (일병)	Corporal (상병)	Staff Segeant (하사)	Technical Sergeant (중사)	1st Sergeant (상사)	Master Sergeant (상사)

1950년대 중반~1960년대

1955년에는 1942년 이전의 특기병 계급이 전용 계급장과 함께 7개 등급으로 부활했다. / 1958년부터는 병장(Sergeant) 계급이 E-5 등급으로 부활하고, FIrst Sergeant(상사)와 Sergeant 1st Class(상사), Sergeant Major(원사) 등 2개 등급의 4개 계급이 추가되었다.

E-1/2	E-3	E-4		E-5		E-6	
Private / Private 2nd Class (이병/이병)	Private 1st Class (일병)	Corporal (상병)	Specialist 4 (특기병 4)	Sergeant (병장)	Specialist 5 (특기병 5)	Staff Segeant (하사)	Specialist 6 (특기병 6)

E-7		E-8		E-9		
Sergeant 1st Class (중사)	Specialist 7 (특기병 7)	Master Sergeant (상사)	Specialist 8 (특기병 8)	1st Sergeant (상사)	Sergeant Major (원사)	Specialist 9 (특기병 9)

1960년대 중반 ~ 현재

1965년부터 1985년까지 특기병3을 제외한 모든 특기병 계급이 삭제되었고, 남은 특기병3은 특기병(Specialist)으로 명칭이 변경되었다. / 1968년에는 일병 계급장이 아래쪽이 막힌 쉐브론모양으로 변경되었고, 기존 쉐브론 한 개 계급은 2급 일병(Private Second Class)에 적용된다 / 1979년에는 직책으로만 있던 육군주임원사 계급장이 추가되었고 2019년에는 합참 주임원사 계급이 추가되었다.

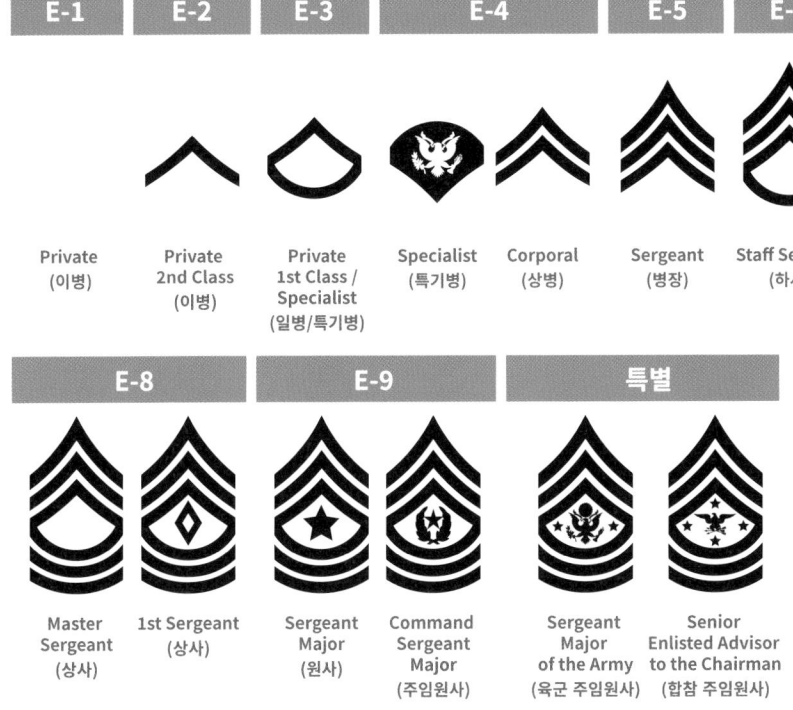

3 준사관 계급

미군의 준사관(Warrant Officer)은, 사병과 장교의 중간 계급의 전문 기술 간부로, 미육군에서는 장교로 취급되며 크게 항공기 조종사와 기술직의 두가지로 나뉘어져 있다.

미 육군의 준사관 계급은 1941년 2개 등급의 3개 등급의 3개로 시작해 1991년 이후 총 5개 등급의 5개의 계급을 유지하고 있다.

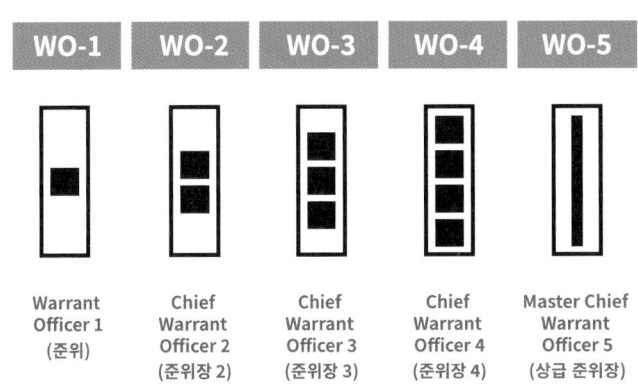

부록2: 전투 의복 부착물

부착물은 정규군을 재현하기 위해서는 필수인 요소이지만 미 육군 전투 의복의 부착물과 부착 규정은 계급 체계와 마찬가지로 지속적으로 변화해 왔다. 이책에서는 군장 재현시 참고할만한 부착물의 부착 위치와 역사를 전투 의복에 한정해 간략히 다루고자 한다.

미 육군은 장교와 사병 부착물 규정이 별도이며, 일반 이복과 외투의 부착 규정도 별도이다. 기본적으로 좌측에 부대 마크를 부착하고 장교는 목깃에 계급장과 병과장을, 사병은 팔뚝에 계급장을 부착했다. / 1950년에는 개인 또는 부대의 기능을 표시하는 어깨 부착물 탭(Tab)과 개인의 기능을 표시하는 가슴 부착물 자격휘장(Qualification Insignia)이 도입되었고, 1953년부터는 포제 명찰 및 미 육군 명찰이 도입되었다. / 1968년부터는 사병도 목깃에 계급장을 부착하게 되었고, 이후 2005년 ACU가 도입되며 장교와 사병이 동일하게 병과장 없이 계급장 한장만 몸 중앙에 부착하게 되었다.

(1) 부대 마크 / (2) 공중강습 자격 휘장 / (3) 레인저 탭 / (4) 보병 병과장 / (5) 쉐브론 계급장 / (6) 명찰과 미 육군 명찰

1942-1948년

1945년부터 이전에 소속되어 참전한 부대 마크를 우측 어깨에 부착할수 있게 되었다. (Shoulder Sleeve Insignia-Former Wartime Service)

1948-1952년

1948년 크기가 줄어든 신형 사병 계급장이 도입되었다. 전투병과는 노란바탕의 남색 쉐브론, 비전투병과는 남색바탕의 노란 쉐브론으로 구분되었다. 하지만 계급 시인성 문제로 1952년 부터이전 계급장으로 되돌아갔다.

1950년부터 탭과 자격휘장이 도입되어 각각 어깨 좌측과 가슴 좌측 상단에 부착하게 되었다.

1953~1966년

1953년 전투 의복 가슴 포켓 상단에 부착하는 명찰과 미 육군 명찰이 도입되었다.

1956년에는 올리브드랍 바탕의 노란색 쉐브론으로 색상이 변경된 신형 사병 계급장이 도입되었다.

1966년 이후

장교 셔츠

사병 셔츠

장교 필드 자켓

사병 필드 자켓

베트남 정글에서의 위장 문제로 1966년부터 저 시인성(Subdued) 휘장이 도입되었다. 1년간 혼용 기간을 거쳐 1967년부터는 유채색 휘장 사용이 금지되었으며 1969년에는 전군에 도입되었다.

1968년부터는 내구성 문제로 팔뚝의 쉐브론 대신 금속 목깃 계급장이 권장되었다. 포제 목깃 계급장도 동시에 사용되기 시작했지만, 1976년에야 공식적으로 도입되었다.

1976~2005년

장교 셔츠

사병 셔츠

장교 필드 자켓

사병 필드 자켓

1976년 도입된 포제 계급장이 기존 전투 의복에 사용되던 금속 계급장을 대체했다.

Insignia

2005~2011년

ACU의 도입부터는 대부분의 부착물이 벨크로를 사용해 탈부착하도록 디자인 되었고, 장교/사병이 동일한 부착물 규정을 적용 받았다. 계급장은 가슴에 정사각형 1개만을 부착했으며 자격휘장은 저시인성 금속 뱃지를 부착해 전투시에 탈거했다. 전투지역에 서는 좌측 어깨의 성조기를 야간투시경용 적외선 반사 성조기로 대체했다. ACS 착용시에는 우측 팔뚝에 성조기, 계급장, 명찰을 부착했고 좌측에는 사단마크를 부착했다.

2011~현재

2011년부터 전투복 위장무늬에 맞는 포제 자격휘장이 허용되었 다. 현행 OCP ACU에도 동일한 규정이 적용된다.

참고 문헌

Book reference

Martin j. Brayley (2006) / American Web Equipment(1910-1967). / The crowood press

C. A. Monroe and Craig Pickrall (2012) / American Web Equipment(1967-1991). / The crowood press

Shelby Stanton (1994) / U.S. Army Uniforms of the Cold War : 1948-1973. / Stackpole Books

Gordon rottman (1990) / US Army Airborne 1940-1990. / Osprey publishing ltd.

Thomas & Abbott(1986) / The Korean war 1950-1953. / Osprey publishing ltd.

Mark a. Reynosa (1996) / The M-1 Helmet. / A Schiffer military history

Stephen e. Ambrose(1992) / Band of brothers. / Touch stone

Patrick h.f. Allen(1990) / Screaming eagles. / Mallard press

Samuel m. Katz (2001) / Special ops vol.13. / Concord publication company

Gordon L Rottman(1990) / Vietnam Airborne: Osprey Elite Series #29. / Osprey Publishing.

Samuel M. Katz(2001) / Special OPS - Journal of the Elite Forces & Swat Units, Vol.13 / CONCORD Publications Company

Jonathan M. House (1984) / Toward Combined Arms Warfare : A Survey of 20th-Century Tactics, Doctrine, and Organization. / U.S. Army Command and General Staff College.

U.S. War Department(1943) / FM21-30 Military Symbols (Oct.1943). / U.S. War Department.

U.S. War Depatment(1944) / Flag texts TM12-427 Military Occupational Classification of Enlisted Personnel. / U.S. War Department.

Headquarters, Department of Army(1965) / FM21-30 Military Symbols (1965). / Headquarters, Department of Army.

Magaret A. Auerbach and Regina D. Jugueta (1998) / Candidate fabrics for the 2nd generation Extended Cold Weather Clothing System / U.S. Army Natick R, D&E Center.

Headquarters Department of the Army. (2005) / Army Regulation 670-1 : Wear and Appearence of Army Uniforms and Insignia / Headquarters Department of the Army.

U.S. Army Natick R, D&E Center(1991) / Use and Care of the Integrated Individual Fighting System (IIFS). / U.S. Army Natick R, D&E Center.

Headquarters Department of the Army (1970) / FM 21-15 : Care and Use of Individual Clothing and Equipment. / Headquarters Department of the Army.

Headquarters Department of the Army (1962) / FM 7-11 : Rifle Compnay, Infantry, Airborne Infantry and Mechnized Infantry. / Headquarters Department of the Army.

The STRIKE BCT Public Affair Office.(2010) / The Heartbeat : Volume 4 - The official magazine of 2nd Brigade Comabt Team, 101st Airborne Division. / THE STRIKE BCT Public Affair Office.

The STRIKE BCT Public Affair Office.(2010) / The Heartbeat : Volume 5 - The official magazine of 2nd Brigade Comabt Team, 101st Airborne Division. / THE STRIKE BCT Public Affair Office.

Dr. Stephen J. Kennedy, Dr. Ralph Goldman, Mr. John Slauta. (1973) / Carrying Loads Within and Infantry Company / Clothing & Personal Life Support Equipment Labatory.

MSG Merrit Pound. (2005) / The Evolution of the United States Army's Enlisted Rank Structure and Insignia, 1776-Presnet. / The U.S. Army Sergeants Major Academy.

Army Major Michael V. Soyka. (2018) / Adaption in Multinational Organizations : The Multinational Force and observers Transformational Change in the Face of ISIS in Sinai. / School of Advanced Military Studies.

Commander in Chief U.S Readiness Command (1979) / Bold Eagle 80, Joint Readiness Exercise: Environmental Impact Statement. / Commander in Chief U.S Readiness Command.

U.S. Army Center of Military History (1988) / Department of the Army - Historical Summary : Fiscal Year 1982 / U.S. Army Center of Military History.

R. Cody Phillips(2007) / Operation Joint Guardian: The U.S. Army in Kosovo / U.S. Army Center of Military History.

Center of Military History. (1997) / Department of the Army Historical Summary: Fiscal Years 1990 and 1991. / Center of Military History.

Headquarters Department of the Army. (1992) / FM 7-8 : Infantry Rifle Platoon and Squad. / Headquarters Department of the Army.

Headquarters Department of the Army. (2007) / FM 3-21.8 : Infantry Rifle Platoon and Squad. / Headquarters Department of the Army.

Headquarters Department of the Army. (2016) / ATP 3-21.8 : Infantry Platoon and Squad / Headquarters Department of the Army.

Headquarters Department of the Army. (2017) / Tc 3-22.240 : Medium Machine Gun / Headquarters Department of the Army.

Headquarters Department of the Army. (2017) / Tc 3-22.240 : Medium Machine Gun / Headquarters Department of the Army.

Headquarters Department of the Army. (2003) / FM 3-22.9 RIFLE MARKSMANSHIP M16A1, M16A2/3, M16A4 and M4 CARBINE / Headquarters Department of the Army.

NATO Headquarter / APP-6C Military Symbols for Land based system. / NATO Headquarter

NATO Headquarter / MIL-STD-2525A. / NATO Headquarter

Shelby Stanton(1991) / US Army Uniform of World War II / Stack pole Books.

Shelby Stanton(1989) / US Army Uniform of the Vietnam War / Stack pole Books.

Shelby Stanton(1986) / Vietnam Order of Battle / Galahad Books.

Allen, Patrick H. F.(1990) / Screaming Eagles: In Action With the 101st Airborne Division (Air Assault) / Mallard Press.

Susan Bryant(2007) / Screaming Eagles: 101st Airborne Division. / Zenith Press.

Christopher J. Anderson(2006) / Screaming Eagles: The 101st Airborne from D-Day to Desert Storm (G.I. Series)./ Greenhill Books.

John J. McGrath(2004) / The Brigade: A History, Its Organization and Employment in the US Army. / combat studies institute press.

Richard W. Kedzior (2000) / Evolution and Endurance : The U.S. Army Division in the Twentieth Century / RAND *(Paper)

David Cole(2007) / Survey of US Army : Uniforms, Weapons, and Accoutrements.*(Paper)

Lieutenant General John J. Tolson(1999) / Airmobility, 1961-1971. / Department of the Army.

Marc DeVore (2004) / The Airborne Illusion: Institutions and the Evolution of Postwar Airborne Forces / MIT SSP Working Paper

Andrew Feickert, Kathleen J. McInnis(2020) / Defender Europe 20 Military Exercise, Historical (REFORGER) Exercises, and U.S. Force Posture in Europe (IF11407) / Congressional Research Service.

Canadian Transportation Research Forum / 21st Annual Meeting Proceeding. -

Transportation Support to National Defence : A Civil-Military Partnership, Canadian Forces Lt-Col J.W. Craig, C.D / Canadian Transportation Research Forum.

par Major Tim Young (2018) / The Evolution of Army Collective Training: Pasts Trends and Future Requirements Within Canadian Forces and Army Transformation / Canadian Forces College.

Marvin W. Curtis (1976) / History of the Squad Radio / Communications/ADP Laboratory.

John Jozef Raadschelders (2021) / REdeployment of FORces to GERmany (REFORGER): Military Exercises with a Diplomatic Purpose Research Thesis. / The Ohio State University.

A. J. Bacevich (1986) / The Pentomic Era - The U.S. Army Between Korean and Vietnam. / National Defense University Press.

U.S. Army Center of Military History (1995) / AIR ASSAULT IN THE GULF: An interview with MG J. H. Binford Peay, III Commanding General, 101st Airborne Division (Air Assault) / U.S. Army Center of Military History.

John B. Wilson (1998) / Maneuver and Firepower - The Evolution of Divisions and Separate Brigades. / U.S. Army Center of Military History.

Walter E. Kretchik, Robert F. Baumann, John T. Fishel(1998) / A Concise History of the U.S. Army in Operation Uphold Democracy / U.S. Army Command and General Staff Colleage Press.

Theodore C. Mataxis (1965) / War in the Highlands - Attack and Counter-attack on Highway 19 / U.S Army.

ASMIC(1977) / TRADING POST : American society of Military insignia Collectors, July-September 1977. / ASMIC

Janice E. McKenney(1997) / Reflagging in the Army / U.S. Army Center of Military History.

오정석 (2014) / 이라크 전쟁 - 전쟁의 배경과 주요 작전 및 전투를 중심으로 / 연경문화사

오정석 (2011) / 걸프전쟁 전사 - 역사적배경과 전쟁수행과정을 중심으로 - / 연경문화사

나종남, 박일송 (2014) / 이라크 전쟁 중 대반란작전(COIN Operations) 사례 연구 - 1·2차 팔루자 전투(2004)를 중심으로 - / 육군군사연구소.

이용인, 테일러 W (2014) / 미국의 아시아 회귀전략 : 미국의 전문가 15인에게 묻는다 / 창비.

김세랑 외3(2001) / 지옥의 전장 베트남 전쟁 / 호비스트

Article

Laura Cutte.(2015).Extreme Weather Conditions: Military Medicine Responds to a Korean War Winter.Military Medicine, Volume 180, Issue 9,Pages 1017-1018

John K. Mahon and Romana Danysh. (1974) / CMH 60-3: Infantry, Part I: Regular Army. / U.S. Army Center for Military History publication

R.F.M. Williams (2022) / THE RISE AND FALL OF THE PENTOMIC ARMY / War On the Rocks.

Eclemens.(2011,Jul 20) The Civil Unrest of 1967.Walter P. Reuther Library.
https://reuther.wayne.edu/node/8036

Dan Parsons(2022,Apr 19).Here'sEverything We now know about army's new squad rifles.
The Drive.https://web.archive.org/web/20220530055103/https://www.thedrive.com/the-war-zone/heres-everything-we-now-know-about-the-armys-new-squad-rifles

Matthew C.(2018.Mar 6).Army plans to Field H&K G28 as new squad Marksman Rifle. Military.com.https://www.military.com/kitup/2018/03/06/army-plans-field-hk-g28-new-squad-marksman-rifle.html

Max H.(2022.Dec 22).A brief look back at the Army's long lost blue air assault beret.Task and Purpose.
https://taskandpurpose.com/history/army-101st-airborne-division-air-assault-blue-beret/

101st Abn Div (Air Assault).(2012.Nov 25). Today in 101st history: November 24,1974.FaceBook Page.
https://www.facebook.com/101st/posts/today-in-101st-history-november-24-1974-forscom-authorizes-the-wear-of-a-distinc/10151341313223092/

Joseph Trevithick.(2022.June 28).The Army Just Selected Its First Light Tank In Decades.The Drive.
https://www.thedrive.com/the-war-zone/the-army-just-selected-its-first-light-tank-in-decades

손보승(2022.Apr 4).러시아의 우크라이나 침공, '신냉전'의 방아쇠 당기다.이슈메이커.
http://www.issuemaker.kr/news/articleView.html?idxno=34059

VOA Korea(2022.Aug 28).[클릭! 글로벌 이슈] 우크라이나 침공 반년 - '신냉전' 도래하나. VOA Korea.
https://www.voakorea.com/a/6717813.html

Gideon R.(2020.Oct 05).A new cold war: Trump, Xi and the escalating US-China confrontation.Financial Times.
https://www.ft.com/content/7b809c6a-f733-46f5-a312-9152aed28172

Hiroyuki A.(2022.Nov 26).U.S.-China cold war more dangerous than U.S.-Soviet rivalry.Nikkei Asia.
https://asia.nikkei.com/Spotlight/Comment/U.S.-China-cold-war-more-dangerous-than-U.S.-Soviet-rivalry

Website

Ian McCollum.[ForgottenWeapons].(2019,Dec 25) Colt601: The AR-15 Becomes a Military Rifle[Video],
YouTube. https://youtu.be/Iv7xEuTM36o

[Web Gear Review].(2020,Feb 12) WW2 US Gear How to Attach the Combat Suspenders to the M 1945 Combat Field Pack[Video],YouTube. https://youtu.be/N-CUD8WVu_c

U.S Army.(n.d.).U.S. Army Official Site.https://www.army.mil

Camp Toccoa at Currahee.Inc(n.d.).History of Camp Toccoa.
https://www.camptoccoaatcurrahee.org/history-of-camp-toccoa

Retro black rifle.(n.d.).Retro black rifle.http://pullig.dyndns.org/retroblackrifle/

Olive-drab.(n.d.).Olive-drab.http://olive-drab.com

CIE hub.(n.d.).CIE hub.https://ciehub.info/

Thales.(n.d.).Thales.http://www.thalesdsi.com

Military History Encyclopedia.(n.d.).Military History Encyclopedia on the Web.http://www.historyofwar.org/

Base Camp Phu Loi.(n.d.).Base Camp Phu Loi.https://phuloi.weebly.com

Fort Campbell.(n.d.).Fort Campbell (Archived document).https://www.campbell.army.mil/

Leatherneck.(n.d.).Leatherneck.com: Marine Corps – USMC Community.http://www.leatherneck.com/

Battledeactive.(n.d.).Battledeactive.com.http://www.battledetective.com

101st Airborne Division.(n.d.).101st Airborne Division Association.https://screamingeagle.org/division-history/

NATO-OTAN.(n.d.).NATO's role in the Kosovo.https://www.nato.int/kosovo/kosovo.htm

Defense Visual Information Center.(n.d.).Dvidshub.https://www.dvidshub.net

25th Inf Div Association.(n.d.).Regimental System.https://www.25thida.org/division/regimental-system-cars/

NARA.(n.d.).NARA & DVIDS Public domain Archive.https://nara.getarchive.net/

506th Veteran Association(n.d.)Home for veterans of "The 506th Infantry Regiment".
https://old.506infantry.org/index.htm

Airborne Museum.(n.d.).Airborne Museum.https://www.airborne-museum.org/en/

US Militariaforum(n.d.).US Militariaforum.https://www.usmilitariaforum.com

PEO Soldier.(n.d.).Equipment_PMIVAS Portfolio.
https://www.peosoldier.army.mil/Equipment/Equipment-Portfolio/Project-Manager-Integrated-Visual-Augmentation-System-Portfolio/Integrated-Visual-Augmentation-System/

US Army Acquisition Support Center.(2022,Oct12).The Big Picture.
https://asc.army.mil/web/news-the-big-picture/

HUEY Vets.(n.d.).Assault Helicopter Companies.https://www.hueyvets.com/assault-helicopter-companies/

Kenneth F.(2007).A tale of two units.https://arsof-history.org/articles/v3n1_129th_helicopter_co_page_1.html

US Army Public Affair.(2022,Apr 19).Army awards Next Generation Squad Weapon Contract. https://web.archive.org/web/20220420013414/https://www.army.mil/article/255827/army_awards_next_generation_squad_weapon_contract

The U.S Airborne World War2.(n.d.).The 401st Glider Infantry Regiment Unit History.
https://www.ww2-airborne.us/units/401/401.html

Defense Visual Information Distribution Service.(n.d.).Image Content.https://www.dvidshub.net/

Movie

Salzberg D.(Director).(2014).The Hornet's Nest[Film].BASE Productions,HighRoad Entertainment

Facebook

@101st Airborne Division (Air Assault)

@1st Brigade Combat Team "Bastogne"

@2nd Brigade Combat Team "STRIKE"

@3rd Brigade Combat Team, 101st Airborne Division – Air Assault